DK 621.436.13-234:531.132.1
621.436.13.018.2
621.436.13-252

FORSCHUNGSBERICHTE
DES WIRTSCHAFTS- UND VERKEHRSMINISTERIUMS
NORDRHEIN-WESTFALEN

Herausgegeben von Staatssekretär Prof. Dr. h. c. Leo Brandt

Nr. 427

Dr.-Ing. Johann Endres

Messerschmidt GmbH. Rheinland

Kinematische Untersuchung
eines Zweitakt-Hochleistungs-Dieseltriebwerks
mit achsparallelen Zylindern und gegenläufigen Kolben

Als Manuskript gedruckt

WESTDEUTSCHER VERLAG / KÖLN UND OPLADEN

1958

ISBN 978-3-663-03693-7   ISBN 978-3-663-04882-4 (eBook)
DOI 10.1007/978-3-663-04882-4

Forschungsberichte des Wirtschafts- und Verkehrsministeriums Nordrhein-Westfalen

G l i e d e r u n g

I. Aufgabenstellung . . . . S. 5
II. Zusammenstellung der Formelzeichen . . . . S. 6
III. Das Doppel-Taumelscheibengetriebe . . . . S. 7
    1. Allgemeine Grundlagen des Getriebes . . . . S. 7
    2. Konstruktiver Aufbau des Getriebes . . . . S. 7
    3. Untersuchungsmethode . . . . S. 10
IV. Die Ermittlung der räumlichen Geschwindigkeiten der Kupplungspunkte an der Taumelscheibe . . . . S. 13
    1. Geschwindigkeitszustand . . . . S. 13
    2. Maßstäbe . . . . S. 15
    3. Festlegung der Grund-Aufriß-und Abbildungsebenen im räumlichen Koordinatensystem X Y Z . . . . S. 15
    4. Bahnen der Systempunkte auf der Taumelscheibe . . . . S. 16
    5. Geschwindigkeiten der Systempunkte . . . . S. 24
    6. Der Drehvektor . . . . S. 28
V. Zusammenfassung der Ergebnisse der grafischen Untersuchung . . . . S. 32
VI. Literaturverzeichnis . . . . S. 34

Forschungsberichte des Wirtschafts- und Verkehrsministeriums Nordrhein-Westfalen

I. Aufgabenstellung

Die Entwicklung von Hochleistungskolben-Triebwerken in der Luftfahrt hat zu komplizierten Konstruktionen und Bauformen geführt, welche in Bezug auf Leistungsgewicht und Leistungskonzentration dem Turbo-Triebwerk weit unterlegen sind. Der fraglos günstigere Kraftstoffverbrauch der Kolbentriebwerke kann diese Nachteile nicht mehr ausgleichen.

Nachdem bekannt geworden ist, daß die Entwicklung von Triebwerken in Trommel- und Blockbauweise z.B. des Jumo 224, Napier Nomad, Wasp Major etc. weitergeführt worden ist und zu Versuchs-Triebwerken der 4000 PS Leistungsklasse mit guten Kennwerten geführt hat, wird hier der Versuch unternommen, den räumlich und gewichtlich ungünstigen Kurbeltrieb durch ein neuartiges Konstruktionselement zu ersetzen und Hochleistungstriebwerke raum- und gewichtssparender Bauart zu schaffen. Als Element für die Umformung der achsialen Kolbenbewegung in Drehbewegung wurde ein Doppel-Taumelscheibentrieb gewählt, und dieser nach den neuesten Erfahrungen bezüglich Lagerung und Kinematik ausgebildet. Die ausgeführten Entwürfe berechtigen zu der Hoffnung, daß auf dieser Grundlage Hochleistungstriebwerke mit günstigen Kennwerten geschaffen werden können.

Der vorliegende Bericht befaßt sich mit der Ermittlung der Geschwindigkeitsverhältnisse der interessierenden Systempunkte dieses Getriebes und führt zur Untersuchung eines räumlichen kinematischen Problems, welches auf graphischem Wege gelöst werden kann.

II. Zusammenstellung der Formelzeichen und Benennung

$\alpha \; [°]$ — Kurbelwinkel = Drehwinkel der Kurbel = Kurbelstellung = Getriebestellung

$\delta \; [°]$ — Schrägstellwinkel = Winkel zwischen Normale (oder Schrägzapfen) N und Wellenlängsachse MM_1

$\omega \; \left[\dfrac{1}{sec}\right]$ — Winkelgeschwindigkeit

$n \; \left[\dfrac{Umdr.}{Min}\right]$ — Drehzahl der Welle MM_1

$v_A = |w_A| \; \left[\dfrac{m}{sec}\right]$ — Geschwindigkeit des Kurbelendpunktes A

$v_B = |w_B| \; \left[\dfrac{m}{sec}\right]$ — Geschwindigkeit des Systempunktes B (Taumelscheibenpunkt)

$v_C = |w_C| \; \left[\dfrac{m}{sec}\right]$ — Geschwindigkeit des Systempunktes C (Taumelscheibenpunkt)

$v_x = v_P = |w_P| \; \left[\dfrac{m}{sec}\right]$ — Geschwindigkeit des Systempunktes X = P (Taumelscheibenpunkt)

$v_{BumA} = |w_{BumA}| \; \left[\dfrac{m}{sec}\right]$ — Geschwindigkeit des Punktes B um den Punkt A (Relativgeschwindigkeit)

$\vec{w} \; \left[\dfrac{1}{sec}\right]$ — Drehvektor

A — Endpunkt der Kurbel

B, C, P = X — Systempunkte = Anlenkpunkte der Taumelscheibe

S — Taumelscheibe

N — Normale = Schrägzapfen

MM_1 — Motorwelle

$\mathscr{S}_A, \mathscr{S}_B, \mathscr{S}_C, \mathscr{S}_P = \mathscr{S}_X$ — Spurpunkte

$e_A \; e_\omega \; e$ — Antipole

c — Abbildungskonstante des Abbildungskreises

$\mathcal{K}$ — Abbildungskreis

XYZ — räumliches Koordinatensystem

XY - Ebene — Aufrißebene (....")

YZ - Ebene — Grundrißebene und Abbildungsebene (....')

....* — Bild....* in der Abbildungsebene

$\vec{P}$ — Raumvektor allgemein

H — Hemmgelenk zur Aufnahme vom Drehmoment (= M_d - Gelenk)

III. Das Doppel-Taumelscheibengetriebe

1. Allgemeine Grundlagen des Getriebes

Kolbenmaschinen mit achsparallelen Zylindern zeichnen sich durch ihre gewicht- und raumsparende Bauweise aus. In den letzten Jahrzehnten sind derartige Motoren vornehmlich im Ausland entwickelt worden. In England baute die Firma Bristol, in Schweden Hubendick und Auriol Lind, in Australien Michell-Sterling Taumelscheiben-Motore, d.h. Triebwerke mit achsparallelen Zylindern. Alle diese ausgeführten Maschinen zeichneten sich durch eine günstige "Raumleistung" aus. Verwendung haben diese Verbrennungsmaschinen im Omnibus- und Bootsbetrieb gefunden.

Die betriebssichere bauliche Durchbildung dieser Getriebe bereitet jedoch Schwierigkeiten, insbesondere die Ausbildung von Kurbel und Koppel, deren Lagerung, die Aufnahme des Längsdruckes und die Übertragung des Drehmomentes auf die Welle. Trotzdem verdient diese Motorenbauart wegen ihrer raumsparenden Bauweise besondere Beachtung für die Luftfahrt. Mit der Weiterentwicklung der Werkstoffe und ihrem heutigen Stand erscheint es durchaus berechtigt, einen Kolben-Flugmotor mit achsparallelen Zylindern zu entwickeln.

An Stelle des sonst üblichen ebenen Schubkurbelgetriebes wie wir es bei Mehrzylindermaschinen in Reihen -

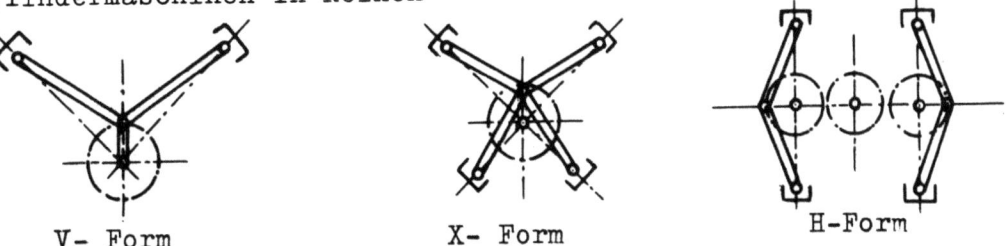

V- Form   X- Form   H-Form

oder Sternanordnung kennen, muß ein räumliches bzw. sphärisches Getriebe Anwendung finden. Die Taumelscheibe S ist die Koppel eines erweiterten Getriebes, die um einen festen Punkt O phasenversetzte Drehungen ausführt (Taumelbewegung).

2. Konstruktiver Aufbau des Getriebes

Ein Taumelscheibentrieb besteht allgemein aus einer kreisrunden ebenen Scheibe S (Abb. 1), die um die Normale N oder den Schrägzapfen im Mittelpunkt O, der als festgehaltener Punkt des Gehäuses gedacht ist, Drehbewegungen ausführen kann; gleichzeitig wird die Normale N zur Drehung um die Welle M M_1 gezwungen. Die Scheibe S steht stets senkrecht zum Schrägzapfen N und wird im Mittelpunkt O gehalten, d.h. die Taumelscheibe S kann sich nicht entlang des Schrägzapfens N bewegen.

Da nun an die Taumelscheibe S die einzelnen Kolbenstangen angelenkt werden sollen, so muß die Scheibe S gegen Verdrehen gehalten werden, d.h. es muß dafür gesorgt werden, daß das sphärische Getriebe mit 3 Freiheitsgraden nur noch einen Freiheitsgrad für die Bewegung der Scheibe S hat. Dies erreicht man durch eine kinematische Erweiterung. Man fügt an einem beliebigen Punkt, z.B. Randpunkt B der Scheibe S einen Lenker an, so daß der Punkt B an das Kugelgelenk O_1 angeschlossen wird, und der Punkt B sich in einer Kreisbahn bewegt, dessen Ebene auf O_1O senkrecht steht. Die Scheibe S führt jetzt eine zwangsläufige sphärische Bewegung mit nur einem Freiheitsgrad aus, wobei sie eine taumelnde Bewegung um den festen Punkt O macht. So erklären sich die Ausdrücke Taumelscheibentrieb = erweiterter sphärischer Kurbeltrieb mit räumlicher Bewegung. Alle Punkte der Taumelscheibe S werden zwangsläufig geführt.

Ebenso beschreibt der Punkt A eine gegebene Kreisbahn. Die Normalen, die in den Mittelpunkten der Kreisbahnebenen von A und B errichtet werden, schneiden sich in einem Punkte und zwar im festen Punkt O.

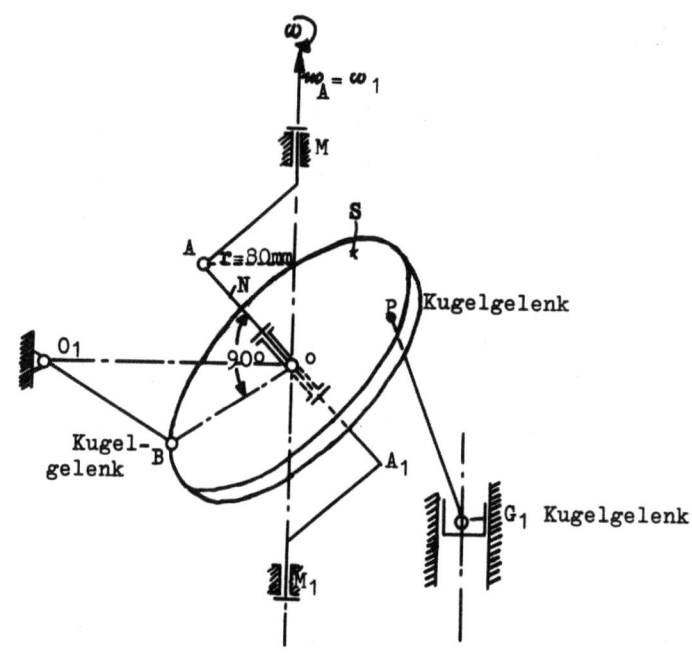

A b b i l d u n g   1

Taumelscheibentrieb allgemein mit Lenker O_1B

Für den Taumelscheibentrieb der vorgenannten Bauart wird nun der Lenker O_1B durch eine Schlittenführung (Bogen-Gleitführung = Kulisse) ersetzt und zwar derart, daß der Punkt B zur Bewegung in einem durch die Achse MM_1 gelegten Hauptkreise jener Kugelfläche mit dem Mittelpunkte O gezwungen wird. Gleichzeitig wählt man diesen Hauptkreis gleich dem Taumelscheibendurchmesser, so daß die Anlenkpunkte am Umfang der Taumelscheibe liegen. Mit der Schlittenführung haben wir das Hemmgelenk H geschaffen, was bei jeder Taumelscheibe in verschiedenen konstruktiven Lösungen zu finden ist und die wichtige Aufgabe hat, das Rückdrehmoment aus dem Nutzdrehmoment aufzunehmen (Abb. 6 a, b).

Der Taumelscheibentrieb für das Hochleistungs-Dieseltriebwerk besteht aus zwei Taumelscheibentrieben, deren Normale N (Schrägzapfen) in einer Ebene liegen und zwar derart, daß die Normalen und ihre zugehörigen Kurbeln sich als deckende Kurbelpaare ergeben, wenn die Welle MM_1 in Stirnansicht betrachtet wird. Wir erreichen somit eine symmetrische Versetzung der Taumelscheiben in Bezug auf den Wellenschwerpunkt und gleichzeitig eine gegenläufige Bewegung der Kolben. Dies wirkt sich günstig auf den Massenausgleich aus, da der Gesamtschwerpunkt in Ruhe bleibt. Diese Betrachtungen wären im geplanten Bericht "Massenausgleich und Drehschwingungen" genauer zu untersuchen.

Die Schubstangen (Kolbenstangen) sind an den Taumelscheiben in Kugelgelenken angeschlossen. Sie beschreiben auf einer Kugeloberfläche doppelschleifenartige Bahnen, deren Form von der Ausbildung des Führungs- oder Hemmgelenkes H abhängt, wie noch später gezeigt wird; nur jene Kolbenstangen, die in dem im Hauptkreise geführten Scheibenpunkten BB_1 angelenkt sind, machen ebene Bewegungen, so daß ein Kugelgelenk für diese Anlenkpunkte nicht erforderlich ist (Abb. 2 a und 2 b).

Diese als Vorentwurf gedachte Anordnung der Taumelscheiben S_I und S_{II} mit ihren Hemmgelenken H als Schlittenführung (Bogen-Geradführung = Kulisse) wird nun genauer kinematisch untersucht und beurteilt. Wir fassen zunächst die Punkte BB_1 der Führungsebene und die normal dazu versetzten Punkte CC_1 ins Auge. Da für beide Taumelscheiben betragsmäßig sich die gleichen Größen bei der raumkinematischen Untersuchung ergeben würden infolge symmetrischer Anordnung der beiden Taumelscheiben (gleicher Schrägstellwinkel $\delta = 15°$, gleiche sich deckende Kurbelpaare usw.), so kann man sich damit begnügen, nur einen Taumelscheibentrieb raumkinematisch zu untersuchen und die Ergebnisse sinngemäß auf den zweiten Taumeltrieb unter Berücksichtigung der Vorzeichen, d.h. der Geschwindigkeitsrichtungen zu übertragen.

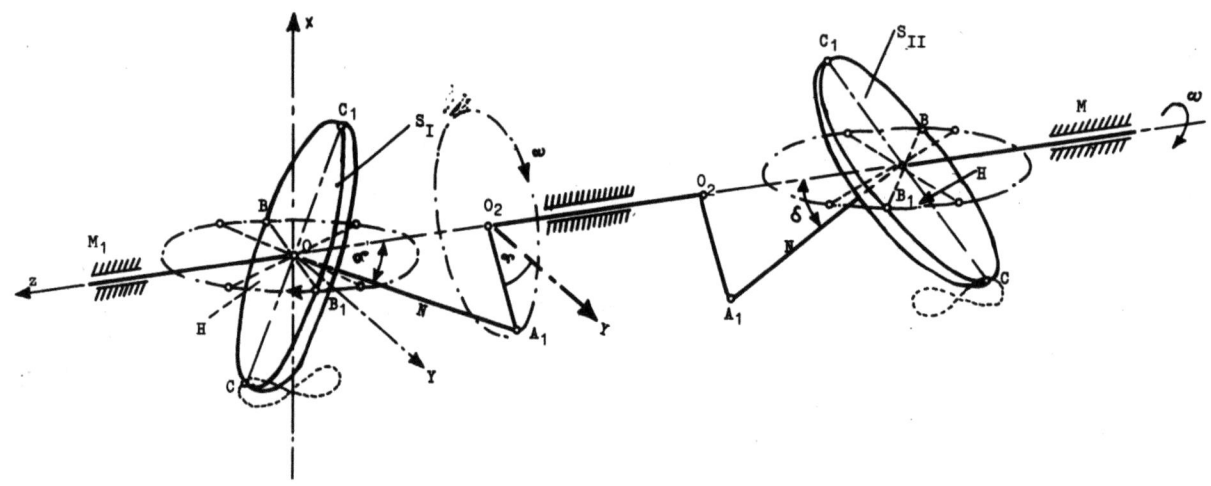

Abbildung 2a

Anordnung des Doppel-Taumelscheibentriebes in axonometrischer Abbildung

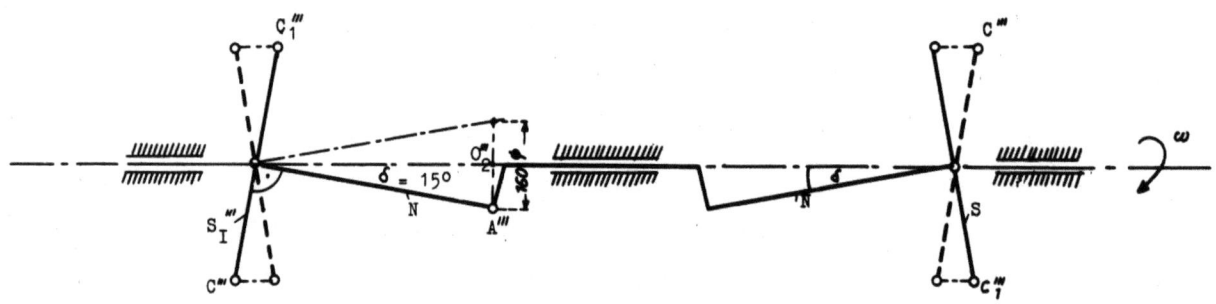

Abbildung 2b

Anordnung des Doppel-Taumelscheibentriebes in schematischer Seitenrißdarstellung für den Anlenkpunkt C

3. Untersuchungsmethode

Die hin- und hergehende Kolbenbewegung der einzelnen Zylinder-Triebwerke parallel zur Motor-Längsachse wird mittels eines Taumelscheibentriebes bzw. gegenläufigen Doppel-Taumelscheibentriebes in Drehbewegung umgewandelt. Wir haben somit einen erweiterten sphärischen Kurbeltrieb zu untersuchen, der eine zwangsläufige, räumliche Bewegung ausführt. Eine Aufgabe, die zunächst schwierig erscheint, da aus der darstellenden Geometrie die oft umständlichen Grund- und Aufrißverfahren infolge ihrer geringen Anschaulichkeit gefürchtet sind und bei der wirklichen Ausführung eines räumlichen Getriebes leider manche wesentliche Frage kinematischer und dynamischer Art unbeantwortet bleibt.

Um eine brauchbare, graphische Statik des Raumes zu schaffen, ist es notwendig, ein anschauliches Verfahren der Darstellung der Vektoren des Raumes zu entwickeln, welches ermöglicht, die Zusammensetzung und Zerlegung der Raumvektoren in übersichtlicher Weise durchzuführen. Ein derartiges Verfahren wurde etwa 1926 als das "Abbildungsverfahren von B. MAYOR und R. von MISES" bekannt. Hier werden die Raumvektoren als die Kräfte einer Ebene abgebildet bzw. zugeordnet in der sogenannten Abbildungsebene. Es wird also dem Raumvektor $\mathcal{P}$ von Abbildung 3 in einer getrennten Abbildungsebene mit dem Abbildungskreis k vom Halbmesser c=0f, der sogenannten Abbildungskonstanten ein Bildstab $\mathcal{P}^* = \mathcal{P}'$ zugeordnet, der den Bildträger p^* zur Wirkungslinie hat. Der Bildträger p^* wird gefunden, indem man durch f des Abbildungskreises k die Parallele zu p" (Aufriß") zieht, welche die y-Achse der Abbildungsebene in T schneidet. Der Bildträger p^* des Bildstabes $\mathcal{P}^*$ ist dann die Parallele zu p' durch den Punkt T. Der Bildstab $\mathcal{P}^*$ hat die Größe P'; es ist also $\mathcal{P}^* = P'$. Umgekehrt liefert diese Konstruktion den Aufriß" aus dem gegebenen Bilde und zwar ist P" parallel zu fT.

Fällt der Punkt T weit nach unten (außerhalb der Zeichenebene), so muß folgende Konstruktion angewendet werden:

Im Grundriß..! macht man die Strecke A'B' = c und durch Heraufloten auf $\mathcal{P}$" ergibt sich die Strecke $B_x B'' = h$. Diesen Hebelarm h greift man nun ab, er steht senkrecht auf dem Bilde*. Das Bild* ist parallel zum Grundriß' und im Abstand h von 0. Umgekehrt erhält man den Aufriß" aus dem gegebenen Bild*. Der Grundriß'- und der Abbildungskreis haben die gleiche Ebene, da die Bildgröße gleich dem Betrag der Grundrißprojektion ist ($P^* = \mathcal{P}'$).

Da dieses vorgenannte Abbildungsverfahren die Probleme der Raumkraftstatik und in unserem Falle der Raumkinematik auf ebene Probleme zurückführt, ist es zulässig, die Hilfsmittel der ebenen graphischen Statik bzw. der ebenen Kinematik anzuwenden. Auch der in der Raumkinematik so wichtige Begriff des Momentenvektors kann in einfacher Weise durch Kräfte

Forschungsberichte des Wirtschafts- und Verkehrsministeriums Nordrhein-Westfalen

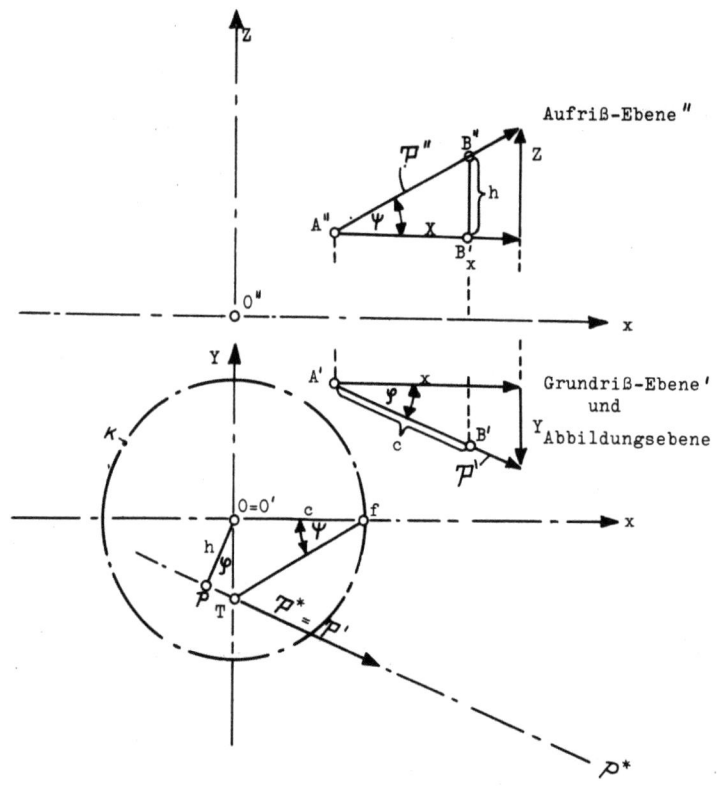

Abbildung

Konstruktion des Bildes eines Raumvektors = Abbildung des Raumvektors
mit Hilfe der Abbildungsebene und des Abbildungskreises k
als den Bildstab $\mathcal{P}^*$ im Bildträger $\rho *$

bzw. Bildstäbe in der Bezugsebene (Abbildungsebene) abgebildet werden.
Sind M'_x, M'_y, M'_z die Komponenten des Momentes M einer Kraft P bezüglich
O und ist die Kraft P durch ihr Bild $\mathcal{P}^*$ und durch den Spurpunkt g_P
ihrer Wirkungslinie in der Abbildungsebene festgelegt, so liefert die
Zuordnung

$$X = \frac{M'_x}{c}, \quad Y = \frac{M'_y}{c}, \quad Z = M'_z$$

die Elemente des Bildes M* in der Bezugsebene.

Konstruiert man den Antipol e_P von P bezüglich des Abbildungskreises vom
Halbmesser c wobei $(O' p\, O' e_P) = c^2$, zieht durch O' eine Senkrechte zu
$O'g_P$ und bringt diese zum Schnitt mit der Normalen durch P' zu $g_P e_P$, so
ergibt sich in O'M' die Länge des gesuchten Bildes M*, des Momentenvektors $\mathcal{M}$. Das Bild M* geht dabei durch den Antipol e_P, denn es gilt der

Satz für zwei aufeinander senkrecht stehende Vektoren des Raumes, daß das Bild* des einen Vektors durch den Antipol des Bildes des anderen gehen muß. Der Aufriß des Vektors O''M'' ist wieder wie vorher zu fT parallel. Der Momentenvektor M wird definiert als das äußere Produkt (Vektorprodukt) $\mathfrak{M} = p \times P$ wobei p den Ortsvektor eines Punktes der Wirkungslinie von P bezüglich O bedeutet, und dieses Vektorprodukt kann durch vorgenannte Konstruktion dargestellt werden (Bildgröße, Abb. 4, Seite 14).

IV. Die Ermittlung der räumlichen Geschwindigkeiten der Kupplungspunkte an der Taumelscheibe

1. Geschwindigkeitszustand

Es handelt sich darum, aus dem konstant angenommenen Drehvektor w_A; ($\omega_1 = \omega_A = 1 = $ const.) der Kurbel AM mit Kurbelradius $AO_2 = r = 80$ mm den Geschwindigkeitszustand und anschließend den Beschleunigungszustand der Taumelscheibe zu ermitteln, womit dann weiter die kinematischen und kinetostatischen Verhältnisse der Kolbenstangen festgelegt werden können. In Abbildung 2a haben wir das axonometrische Bild des zu untersuchenden Getriebes kennengelernt. Der Durchmesser BB_1 der Taumelscheibe S soll in der YZ-Ebene durch einen Schlitten (Kulisse) geführt werden. Die Normale N (Schrägzapfen), auf der die Taumelscheibe gelagert sitzt, wird durch die Kurbel $AO_2 = $ Kurbelradius in einem Kreiskegel vom Öffnungswinkel 2δ um die Z-Achse gedreht.

Aus der gegebenen Geschwindigkeit w_A des Punktes A der Normalen N und gleichzeitig Endpunkt der Kurbel sollen zunächst die Geschwindigkeiten der Endpunkte der zueinander senkrechten Scheibendurchmesser BB_1 und CC_1 graphisch ermittelt werden.

Wir nehmen $\omega_A = 1 = $ constant an, so daß der Geschwindigkeitsvektor w_A des Punktes A gleich der Kurbellänge wird. Unter Kurbellänge wird der kürzeste Abstand vom Drehpunkt verstanden, also $AO_2 = 80$ mm. Die graphische Untersuchung wird im Maßstab 1:2 verkleinert dargestellt.

Forschungsberichte des Wirtschafts- und Verkehrsministeriums Nordrhein-Westfalen

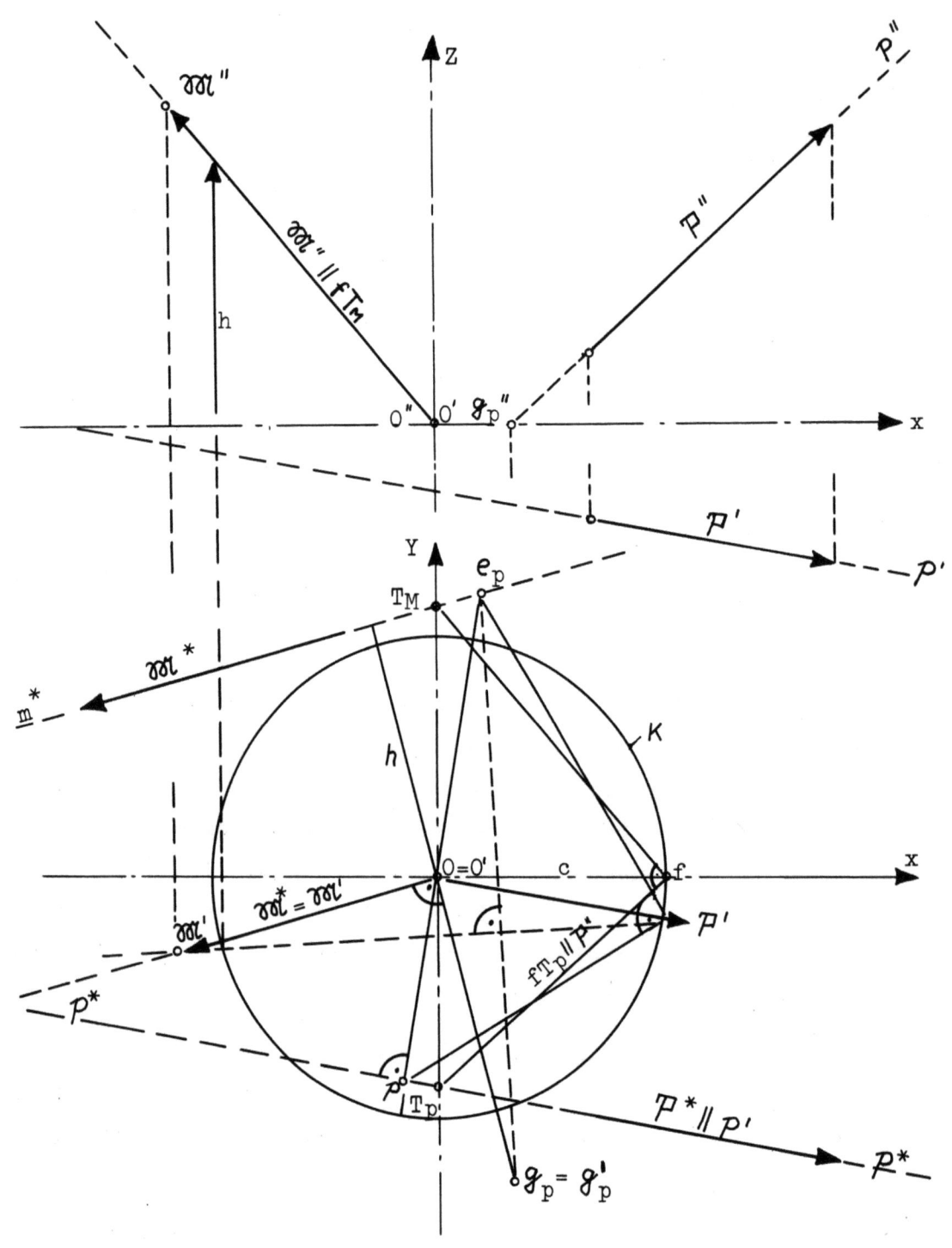

Abbildung 4

Konstruktion für das Bild eines Momentenvektors $\mathfrak{M}$ der
Raumkraft $\mathcal{P}$ in Bezug auf den Ursprung O

Gegeben: Raumvektor $\mathcal{P}$ in Grund- und Aufriß $\mathcal{P}(\mathcal{P}';\mathcal{P}'')$ und Spurpunkt g_p
=wirkungslinie in der Abbildungsebene, ferner Abbildungskreis
mit c = Of

Ziehe $fT_p \| \mathcal{P}'$; $\mathcal{P}^* \| \mathcal{P}'$ durch T_p; e_p=Antipol des Bildes $\mathcal{P}^*$ oder der Antipolaren $\mathcal{P}^*$; Normale zu $g_p e_p$ durch $\mathcal{P}'$ trifft Senkrechte zu $g_p O'$ durch O' im Schnittpunkt $\mathfrak{m}$. $O'\mathfrak{m}'$=Bildgröße des Momentvektors $\mathfrak{m}$. $\mathfrak{m}^*$ muß durch e_p gehen, da $\mathfrak{m} \perp \mathcal{P}$. $O''\mathfrak{m}'' \| fT_M$

Forschungsberichte des Wirtschafts- und Verkehrsministeriums Nordrhein-Westfalen

2. Maßstäbe

Längeneinheit 1 m d.Wirklichkeit $\triangleq$ 500 mm der Zeichnung (1:2)

Geschwindigkeitseinheit $1 \frac{m}{sek}$ = 1,59 mm der Zeichnung (a)

Beschleunigungseinheit $1 \frac{m}{sek^2}$ = $\frac{b^2}{a^2}$ = $\frac{2,525}{500}$ = 0,00505 (b)

d.h. 1 mm Zchg. $\triangleq$ 200 $\frac{m}{sec^2}$

(Zeiteinheit 1 sek d.Wirklichkeit = $\frac{a}{b}$ = $\frac{500}{0,159}$ = 3185

Winkelgeschwindigkeitseinheit = $\frac{b}{a}$ = $\frac{0,159}{500}$ = $\frac{1}{3185}$ $\left[\frac{1}{sec}\right]$

Winkelbeschleunigungseinheit = $\frac{b^2}{a^2}$ = $\frac{0,159^2}{500^2}$ = $\frac{1}{1013 \cdot 10^{-4}}$ $\left[\frac{1}{sec^2}\right]$

AO_2 = 80 mm Kurbelradius i.Wirkl. = 40 mm d.Zeichn.

(1:2 verkl.) (a)

$n = 3000 \frac{Umdr.}{Min.}$ und $\omega_1 = \frac{2 \cdot \pi \cdot n}{60} = \frac{2 \cdot 3,14 \cdot 3000}{60} = 314 \left[\frac{1}{sek}\right]$

somit wird V_A :

$v_A = AO_2 \cdot \omega_1 = 0,08 \, [m] \cdot 314 \left[\frac{1}{sec}\right] = 25,14 \left[\frac{m}{sec}\right] \triangleq 40$ mm d.Zchg.

und $1 \left[\frac{m}{sec}\right] \triangleq \frac{40}{25,14} \triangleq 1,59$ mm d.Zchg. (b)

$v_A = AO_2 \cdot \omega_1 \cdot b = 0,08 \, [m] \cdot 314 \left[\frac{1}{sec}\right] \cdot 1,59$

= 39,934 mm = 40 mm d.h. Kurbellänge.

So sehen wir, daß bei ω_A = 1 = const. die Geschw. v_A gleich der Kurbellänge wird. Dies erweist sich als einfacher und übersichtlicher bei der graphischen Behandlung der Geschwindigkeiten und Beschleunigung.

3. Festlegung der Grund-Aufriß- und Abbildungsebene im räumlichen Koordinatensystem X Y Z

Man zeichnet zunächst den Grund- und Aufriß des Taumelscheiben-Getriebes. (Abb. 5). Auf den Seitenriß.!!! kann verzichtet werden, er wurde in der Zeichnung schematisch angedeutet.

Forschungsberichte des Wirtschafts- und Verkehrsministeriums Nordrhein-Westfalen

Der Grundriß wird mit ..! und der Aufriß ..!' bezeichnet.
Wir legen die Kreisbahnebene von A (Drehebene der Kurbel) bei der Drehung der Welle MM_1 parallel zur Aufrißebene.!! (XY) und die Kreisbahnebene der Taumelscheibenpunkte BB_1 (Führungsebene der Hemmgelenke H) parallel zur Grundrißebene.!. Die Grundrißebene (YZ-Ebene) ist gleichzeitig die Abbildungsebene, und der Abbildungskreis möge den Durchmesser BB_1 = Taumelscheibendurchmesser haben. Damit liegt die Abbildungsconstante c auch fest und es ist

$$BB_1 = 2c.$$

Eingangs wurde bereits allgemein über das Mayor-Mises'sche Abbildungsverfahren gesagt, daß es den Raumvektoren die Kräfte in einer Abbildungsebene eindeutig zuordnet und zwar so, daß die Projektion des Raumvektors auf die Abbildungsebene die Größe und Richtung der abgebildeten Kraft angibt, während deren Lage in der Abbildungsebene durch die zur Abbildungsebene senkrechte Komponente des Raumvektors bestimmt wird, indem diese, multipliziert mit einer beliebigen positiven Abbildungskonstanten c, das Moment der abgebildeten Kraft bezüglich des Koordinatenursprunges der Größe und dem Drehsinne nach liefert. Da in unserem Falle die Abbildungskonstante c gleich dem Taumelscheibendurchmesser gewählt wurde, so liefert der Abbildungskreis die Abbildungen der Kräfte und Momente in wahrer Größe.

4. Bahnen der Systempunkte auf der Taumelscheibe

Zunächst ermitteln wir die Bahnen der Systempunkte BB_1 und CC_1 für die einzelnen Kurbelstellungen innerhalb einer Wellendrehung. Aus Symmetriegründen können wir uns mit den Kurbelstellungen von $0°$ bis $90°$ begnügen. Die Lage der Punkte BB_1 ist ohne Schwierigkeit im Grundriß bzw. Abbildungsebene zu erkennen, da sie sich in der Führungsebene bewegen. Sie liegen auf der Senkrechten zur Grundrißprojektion der Normalen N oder Schrägzapfen durch O' im Abstand R = Taumelscheibenhalbmesser von O', d.h. als Schnittpunkte dieser Senkrechten mit dem Abbildungskreis K. Schwieriger sind die Lagen der Systempunkte CC_1 zu erkennen, da sie räumlich bewegt sind. Um die zur beliebigen Lage BB_1 gehörige Lage des normalen Durchmessers CC_1 zu finden, zeichnet man die Umlegung (Umklappung) O(A) von OA und erhält in der hierzu errichteten Normalen O(C)

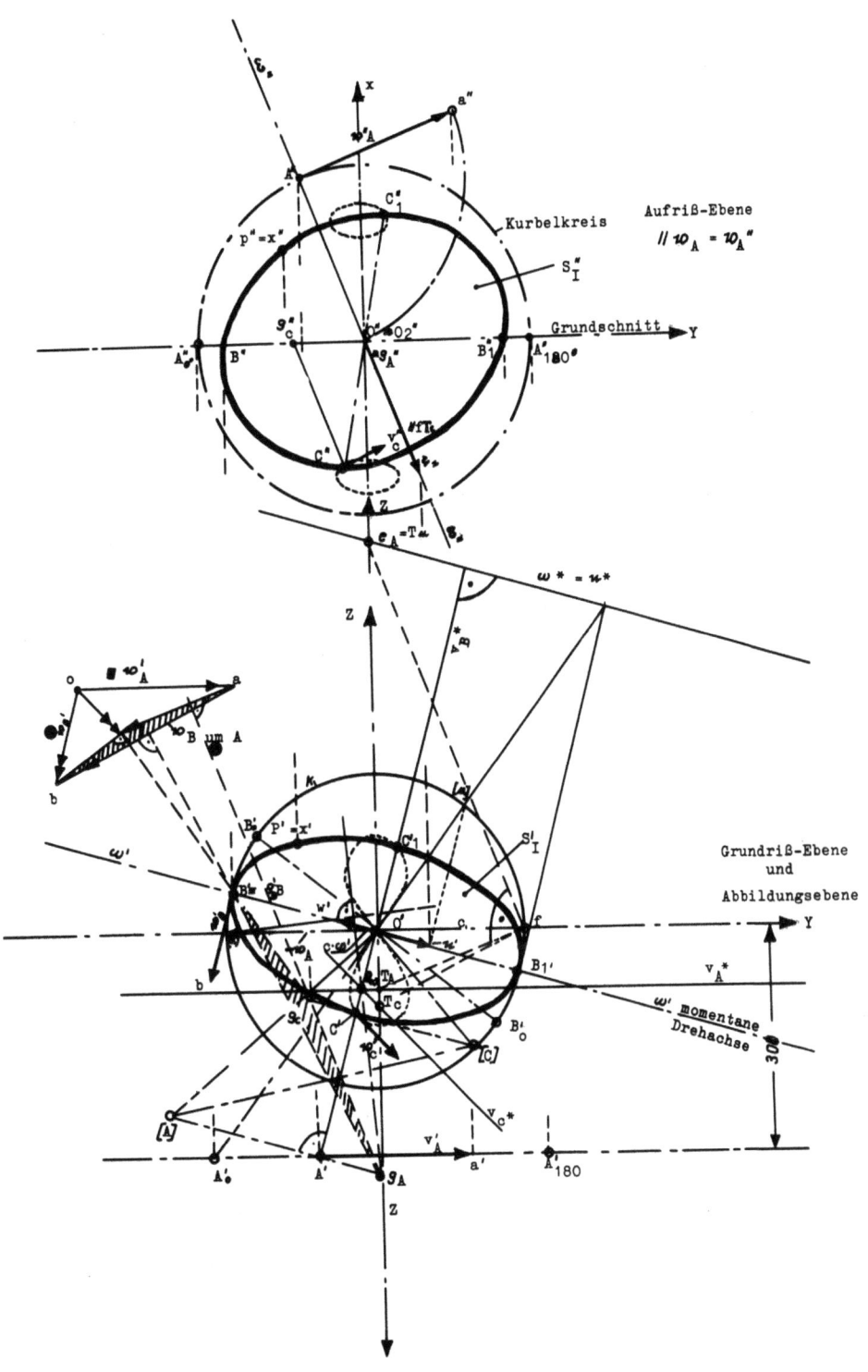

Abbildung 5

Grund- und Aufriß des Taumelscheibengetriebes

$A"O_2"$ = Kurbel; $\omega_A = A"a"$ = Kurbelgeschwindigkeit; $AO(A'O'; A"O")$ = Normale N
K = Abbildungskreis c = Abbildungsconstante v* = Geschw.-Bilder gehen alle durch den Antipol e_ω der Antipolaren $\omega*$ = Bild der Winkelgeschw. O'W' = $c \cdot \omega'$ = Bildgröße des Drehvektors ω; u'; u" = Einheitsvektor u

die Umlegung von OC. Das Lot von (C) auf die Grundrißprojektion der Normalen N' = A'O' liefert den gesuchten Punkt C' im Grundriß bzw. in der Abbildungsebene. C'O' ist die kleine Achse der Ellipse. Mit der Kenntnis der beiden Ellipsenachsen kann die Projektion der Taumelscheibe im Grundriß für die untersuchte Kurbelstellung gezeichnet werden.

Durch C' legt man die Ordnungslinie und lotet sie in den Aufriß '' bis zum Schnitt mit dem Grundschnitt. Der Grundschnitt ist die Schnittlinie, wo die Aufrißebene die Grundrißebene schneidet. Nun greift man (C)C' ab und trägt diese Strecke im Aufriß auf die Ordnungslinie vom Grundschnitt aus auf. Somit erhält man den Systempunkt C'' im Aufriß. Diese Konstruktionen wiederholt man für beliebig viele Kurbelstellungen und erhält dann punktweise die Bahnen der untersuchten Systempunkte. Für den Taumelscheibenpunkt C ergibt sich eine sphärische Bahnkurve (Doppelschleife auf einer Kugelfläche), die sich im Grundriß ' bei senkrechter Projektion als Doppelschleife und im Aufriß '' als Ellipse zeigt.

Um das Lesen der Zeichnung zu erleichtern, mögen die Konstruktionspunkte für die Ermittlung der Bahnen nochmals zusammengefaßt wiedergegeben werden: Z.B. für Kurbelstellung $60°$.

a) Lote den Aufrißpunkt A'' in den Grundriß A'. A' liegt in der Kurbelradius-Drehebene, die sich im Grundriß als Gerade darstellt, da die Drehebene parallel zur Aufrißebene gewählt worden war. Sie liegt 300 mm vom festen Drehpunkt O bzw. O' entfernt, entsprechend unseren Getriebeabmessungen. A'O' ist die Grundrißprojektion der Normalen N (Schrägzapfen).

b) Errichte die Senkrechte auf A'O' in O' und bringe sie zum Schnitt mit dem Abbildungskreis K. Die Schnittpunkte sind die gesuchten Anlenkpunkte B'B'$_1$ im Grundriß.

c) Nehme die Höhe, die der Punkt A über der Grundrißebene hat, aus dem Aufriß = Höhe von A'' über Grundschnitt und trage diese Höhe senkrecht auf A'O' in A' auf, der Endpunkt ist (A). Der Schnitt mit der Z-Achse ist der Spurpunkt g_A, der später noch benötigt wird.

d) Verbinde (A) mit O'. Dies ist die wahre Länge der Normalen N (Schrägzapfen), d.h. die Umklappung der Normalen AO in die Grundrißebene im Gegensatz zur Grundrißprojektion A'O'.

e) Errichte die Senkrechte auf (A)O' in O'. Wo diese den Hauptkreis (Abbildungskreis) von B'B'$_1$ schneidet, liegt (C). Die wahre Länge von OC wird durch O'(C) wiedergegeben (Umklappung).

f) Fälle von (C) das Lot auf A'O'. Der Schnittpunkt ist der gesuchte Systempunkt C' im Grundriß. Es ist C'O' = C'$_1$O'

C'(C) ist die Höhe des Punktes C$_1$ über der Grundrißebene (s. Abb. 5).

Die sich ergebende Doppelschleife im Grundriß wird von den Taumelscheibenpunkten C'C'$_1$ einmal durchlaufen während einer Wellendrehung. Im Aufriß wird die Ellipsenbahn zweimal während einer Wellendrehung durcheilt. Das Umlaufen mit 2ω im Aufriß ist unerwünscht, und es sind die maximalen Fliehkräfte dieser mit 2ω umlaufenden Massen auf ihre Beträge hin zu prüfen.

Nehmen wir überschlagsweise an, die Schubstangenmasse M_P sei (Abb. 6a)

$$G_P = 3 \text{ kg angenommen; } M_P = \frac{G_P}{g} = \frac{3}{9,81} = 0,304 \left[\frac{\text{kg sek}^2}{\text{m}}\right]$$

Die halbe Schubstangenmasse möge auf den Anlenkpunkt fallen.

$$n = 3000 \text{ [U/Min]}; \quad \omega = \frac{\pi \cdot n}{30} = \frac{3,14 \cdot 3000}{30} = 314 \text{ [1/sek]}$$

$$\underline{2\omega = 628 = \omega'}$$

$r_e = 5,5$ mm aus Zeichnung; somit $r_e = 11$ mm (da 1:2 gez.)

Querauslenkung der Schubstange von Zylindermitte.

Maximale Fliehkraft:

$$F_P = \frac{M_P}{2} \cdot r_e \cdot \omega'^2 = 0,152 \cdot 0,011 \cdot 628^2$$

$$F_P = 660 \text{ kg}$$

Dieser Betrag ist nicht bedenklich hoch, es wäre jedoch ratsam, durch konstruktive Maßnahmen die endlichen Schubstangen zu umgehen, indem man die Doppelkolben als einen festen Verband (kinematisch bedeutet das eine unendlich lange Kolbenstange oder Schubstange mit Kolbengelenk K 1 aus Abbildung 1 im Unendlichen) mit entsprechender Lagerung (Gelenkpunkt) an der Taumelscheibe ausbildet, um so die Massen, die der Querauslenkung unterworfen sind, möglichst klein zu halten. (Abb. 6b). Bei der Ausführung der Doppelkolben als festen Verband ist sorgfältig darauf zu achten, daß die hin- und hergehenden Massen nicht größer ausfallen, obgleich die gegenläufige Kolbenbewegung des Doppel-Taumelscheibentriebes die hin- und hergehenden Massenkräfte auf natürlichem Wege bereits bindet. Sollte eine Zylinderachs-Versetzung aus ladungstechnischen Gründen vorgenommen werden, so ist deren Auswirkung auf den Massenausgleich im Abschnitt Massenausgleich zu untersuchen (s. Abb. 6).

Der Verlauf der Bahnen der Anlenkpunkte an der Taumelscheibe ist abhängig vom Schrägstellwinkel δ und dem Durchmesser der Taumelscheibe S. Ferner von der Ausbildung des Hemmgelenkes H, welches zur Drehmomentaufnahme notwendig ist (M_d-Gelenk).

Für die in BB_1 eben geführte Taumelscheibe ergibt sich für den Punkt C eine Querbewegung, die bei 45° und 135° Kurbelstellung ihren Größtwert erreicht; hier würde eine Schubstange 11 mm von der Zylinderachse auslenken. Alle anderen Anlenkpunkte werden eine schlankere Doppelschleife durchlaufen, d.h. je mehr die Anlenkpunkte sich der Führungsebene von BB_1 nähern.

Es wurde nun der Anlenkpunkt P = X noch untersucht. Dieser Punkt P = X möge im Mittel von B und C auf dem Umfang der Taumelscheibe liegen, also unter 45° zu B und C. Seine Bahn erscheint im Grundriß wieder als schmälere Doppelschleife und im Aufriß als Kreis. Diese im Grund- und Aufriß konstruierten Bahnen sind das zeichnerische Ergebnis aus den Bewegungen des Punktes B und C. Die Querbewegung als Kreis im Aufriß ist günstig, da die Fliehkraft somit konstant bleibt, außerdem kleinere Beträge aufweist im Vergleich zum Anlenkpunkt C, da der Durchmesser der Kreisbahn kleiner ist als die große Ellipsenachse des Punktes C''. Es ergibt sich somit die Frage, ob es nicht möglich ist, durch entsprechende Ausbildung des Hemmgelenkes H die Bahnen aller auf gleichem Umfang liegenden Anlenkpunkte gleich zu erhalten. Damit hätte man bei Doppel-Taumelscheibenanordnung wesentliche Vorteile bezüglich des Massenausgleichs und Laufruhe der Maschine.

Eine derartige Forderung kann erfüllt werden, wenn man das Hemmgelenk H (M_d-Gelenk) nicht als eben geführte Schlittenführung (Kulisse) in den

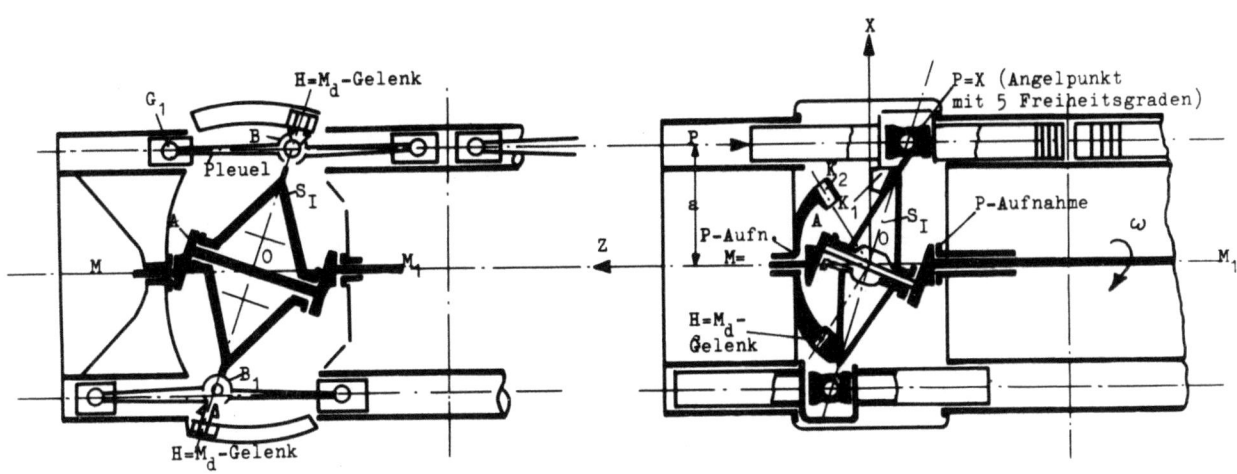

a) mit endlicher Schubstange (Pleuel)
   Gelenk G_1 im Endlichen!
   M_d-Gelenk als Bogen-Geradführung (Kulisse)

b) Schubstange ∞ lang
   Gelenk G_1 im Unendlichen
   M_d-Gelenk gemäß Abbildung 7

Abbildung 6

Taumeltrieb mit endlicher und ∞-langer Schubstange

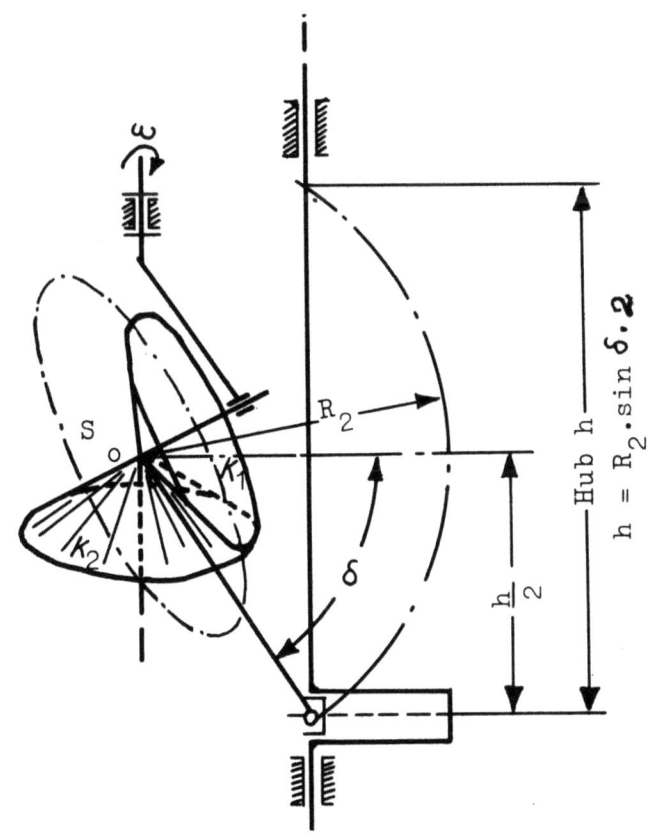

Abbildung 7

Taumelscheibenbewegung, erzeugt durch reines Abrollen zweier Wälzkegel mit gemeinsamer Spitze und gleichem Öffnungswinkel

Punkten BB_1 ausführt, sondern durch eine Taumelscheibenbewegung ersetzt, die erzeugt wird durch Abrollen zweier Kegel mit gemeinsamer Spitze und gleichem Öffnungswinkel, oder H als Gleichganggelenk ausbildet. Dies könnte man erreichen durch Ausbildung nach Abbildung 7.

Der Kegel K_1 müßte starr mit der Taumelscheibe S verbunden werden und rollt ohne zu gleiten auf dem Kegel K_2, der am Motorgehäuse befestigt ist, ab. Die Kegel würden verzahnt (Übersetzung i = 1:1), womit gleichzeitig die Taumelscheibe S gegen Drehen gesichert und das Nutzdrehmoment M_d aufgenommen würde. (H = M_d-Gelenk). In Abbildung 8 ist eine Konstruktions-Skizze zu sehen, wobei spiegelbildlich symmetrisch der zweite Taumeltrieb zu ergänzen ist. Die Axiallager (Längslager) zur Aufnahme der Axialkräfte = P-Aufnahme könnten entlastet werden, ja sogar entfallen, wenn man neben der Kegelverzahnung noch reine Abroll-Stützkegel oder Wulstränder vorsehen würde, gleichzeitig würden die Wulstränder zentrierend wirken (Abb. 6b).

Die Konstruktionspunkte für die Ermittlung der Bahn des Anlenkpunktes X sind folgende:

Z.B. für Kurbelstellung $60°$.

a) Ziehe unter $45°$ zu $B'B'_1$ durch O' eine Gerade bis zum Schnitt mit dem Abbildungskreis.

b) Von diesem Schnittpunkt fälle das Lot auf $B'B'_1$

c) Schlage um den Mittelpunkt der Taumelscheibe O' durch C'_1 einen Kreis.

d) Wo dieser Kreis 3) die unter $45°$ zu $B'B'_1$ gezogene Gerade 1) schneidet, ziehe die Parallele zu $B'B'_1$.

e) Diese Parallele 4) trifft das Lot 2) im gesuchten Bahnpunkt X', der gleichzeitig ein Punkt der Grundrißellipse ist.

f) Um den Punkt X'' im Aufriß zu erhalten, lote man die Ordnungslinie von X' in den Aufriß ''; wo diese Ordnungslinie die Aufriß-Ellipse der Taumelscheibe S trifft, liegt X''. Die Aufriß-Ellipse kann man aus den gegebenen konjugierten Durchmessern O'' B'' und O'' C''_1 konstruieren (Rytzsche Achsenkonstruktion, Abb. 8).

g) Verbinde C''_1 mit O'' und B''_1 mit O''. Dies sind die vorgegebenen konjugierten Ellipsendurchmesser zu bekannten Ellipsenpunkten.

h) Ermittele aus den vorgegebenen konjugierten Ellipsendurchmessern die Hauptachsen nach der Rytz'schen Achsenkonstruktion wie folgt (Abb. 8):

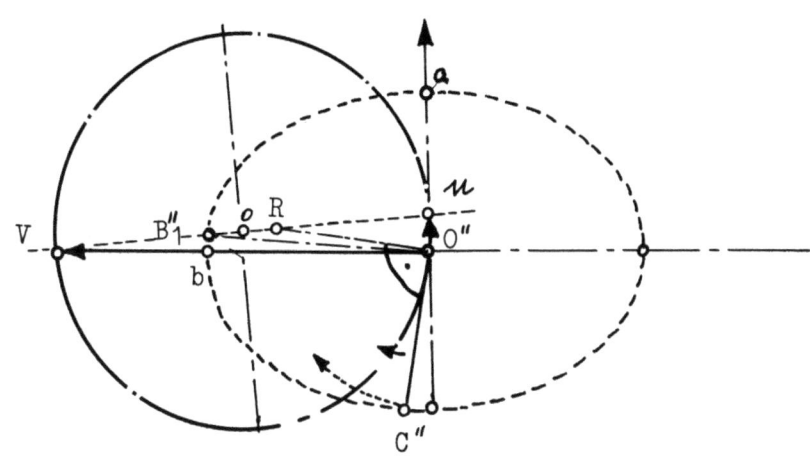

Abbildung 8
Ermittlung der Hauptachsen einer Ellipse aus den konjugierten Durchmessern

Verbinde R mit B_1'', dem Endpunkt des zweiten, konjugierten Durchmessers und teile diese Verbindung, der Teilpunkt sei O.

Um den Teilpunkt O schlage den Thaleskreis durch den Mittelpunkt der Taumelscheibe im Aufriß O''.

Wo dieser Thaleskreis die Verlängerungen von $B_1''R$ trifft, liegen die gesuchten Punkte U und V.

Die Verbindung O''V und O''U sind bereits die gesuchten Hauptachsen-Richtungen.

Die Längen der Hauptachsen sind RU und auf der Hauptachsenrichtung O''U abzutragen, der Endpunkt ist a. O''a ist die Länge der kleinen Hauptachse.

RV abzutragen auf O''V, der Endpunkt ist b. O''b ist die Länge der großen Hauptachse der gesuchten Ellipse im Aufriß''.

Durch die Punkte a B_1'' b C_1' B'' C'' geht die Aufriß-Ellipse. Zum bequemeren Zeichnen der Ellipse sucht man die Krümmungsmittelpunkte K_{p1} und K_{p2} in den Scheiteln der Ellipse auf, da die Hauptachsen nunmehr bekannt sind (Abb. 9).

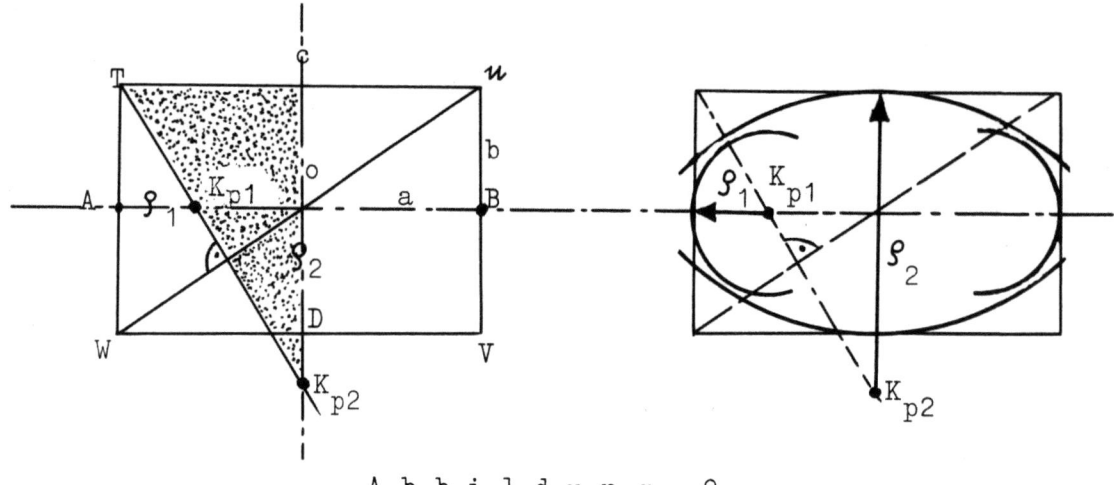

Abbildung 9

Konstruktion der Krümmungs-Mittelpunkte einer Ellipse

Die Krümmungsmittelpunkte K_{p1} und K_{p2} werden gewonnen, indem in dem Rechteck TUVW, das die Hauptachsen als Mittellinien hat, auf eine Diagonale UW von einer Ecke T das Lot gefällt wird. Dieses Lot trifft die Hauptachse im Mittelpunkt K_{p1} des Hauptscheitel-Krümmungskreises und die Nebenachse im Mittelpunkt K_{p2} des Nebenscheitel-Krümmungskreises.

Mit der Lage der Aufriß-Ellipse (Taumelscheibe) und der Ordnungslinie durch X' ergibt sich der Aufrißpunkt X''. Dies für beliebig viele Kurbelstellungen wiederholt, ergibt die Kreisbahn des Aufriß-Anlenkpunktes X'' (Querauslenkung), (X = P).

5. Geschwindigkeiten der Systempunkte

Die Bewegung der Taumelscheibe S erfolgt um den festen Punkt O. O ist als Punkt des Gehäuses zu denken. Es steht der Drehvektor $\vec{\omega}$ dieser sphärischen Bewegung senkrecht auf den Geschwindigkeiten aller Systempunkte. Für ein Zeitelement, und als solches können wir eine Kurbelstellung betrachten, ist diese sphärische Bewegung durch den Drehvektor $\vec{\omega}$ bestimmt, der, im festen Punkt O angesetzt, die Lage der momentanen Drehachse ω'; ω'' gibt.

Hat man also den festen Drehpunkt O und die Lage und Größe des Drehvektors $\vec{\omega}$ gegeben, so läßt sich damit der Geschwindigkeitszustand des Taumelscheibengetriebes eindeutig angeben.

Gehen wir in unserer Betrachtung schrittweise vor und klären wir die zugehörigen Begriffe. Die Geschwindigkeiten aller Systempunkte sind zum Drehvektor ω senkrecht, daher ergibt sich der Antipol e_ω des Drehvektors ω als Schnitt der Bilder der Geschwindigkeiten zweier Systempunkte (z.B. V_A^*; V_B^*). Konstruiert man z.B. die Bilder der Geschwindigkeiten der Systempunkte A und B und deren Antipole e_A; e_B, so stellt der Schnittpunkt der Geschwindigkeitsbilder V_A^* und V_B^* den Antipol e_ω dar, und die Verbindungslinie der Antipole e_A mit e_B das Bild ω^* des Drehvektors (Abb. 5).

Das Bild oder der Bildträger p^* stellt die Wirkrichtung eines Raumvektors in der Abbildungsebene dar. Wir gehen aus von der gegebenen Geschwindigkeit V_A des Punktes A, der ein Punkt der Kurbel AM bzw. AO_2 ist, wo wir uns kinematisch die Bewegung des Getriebes eingeleitet denken können (Kennzeichen einer Kurbel). $V_A = \omega_A$ erscheint im Aufriß in wahrer Größe, da wir die Drehebene von AO_2 parallel zur Aufrißebene (XY-Ebene) gelegt haben, somit ist $\omega_A = \omega_A''$.

Der Grundriß ω_A' von ω_A ist somit parallel der Y-Achse im Abstand 300 mm von O'.

Das Bild V_A^* des gegebenen Geschwindigkeitsvektors $\omega_A = \omega_A''$ ergibt sich nun in der Abbildungsebene durch folgende Konstruktion (Abb. 5):

Verbinde fT_a parallel dem Aufriß ω_A'', wobei f der Schnittpunkt des Abbildungskreises mit der + Y-Achse ist und fO' die Abbildungskonstante c bedeutet. Der Punkt T_a ist der Schnittpunkt mit der Z-Achse und ist bereits ein Punkt des gesuchten Bildes. Legt man sodann die Parallele zum Grundriß ω_A' durch T_a, so erhält man das Bild oder den Bildträger V_A^*.

Der Antipol e_A des Bildes V_A^* ergibt sich durch Ziehen der Linien fe parallel $A''O''$ oder $f e_a$ senkrecht fT_a in f als Schnittpunkt mit der Normalen des Bildes durch O', in diesem Falle mit der Y-Achse.

Das Bild V_B^* dagegen geht durch O', (ω_B parallel Bild V_B^* und senkrecht $B'B_1'$), so daß der Antipol e_B in der Richtung $B'B_1'$, d.h. normal zum Bild unendlich fern liegt. Die Verbindung e_A mit $e_{B\infty}$ stellt das Bild ω^*, d.h. die Wirkrichtung der Winkelgeschwindigkeit des Drehvektors ω oder die Richtung der momentanen Drehachse $\vec{\omega}'$ dar, und das ist die Parallele zu $B'B_1'$ durch den Antipol e_A, da e_B im Unendlichen liegt. Ferner ist:

Der Antipol e_ω von $\omega*$ ergibt sich so als Schnittpunkt aller Geschwindigkeitsbilder, und somit ist der Schnitt aus V_A^* und V_B^* bereits der gesuchte Antipol e_ω. Mit anderen Worten: Der Antipol e_ω liegt im Schnitt von O'A' = Richtung von V_B^* mit V_A^*, da w_A senkrecht w, wie vorher gesagt.

$\omega*$ gibt die Wirkrichtung der momentanen Drehachse ω' an und ist die Antipolare zu e_ω bezüglich des Abbildungskreises K.

Es gilt ferner die zweite kinematische Grundgleichung für die Bewegung eines Zweischlages (Kurbel-Koppel)

$$w_B\; \bullet \;= \;w_A\; \blacksquare \;+\; w_B \text{ um } A\; \bullet $$

wobei w_B die Geschwindigkeit des Punktes B als Punkt der Koppel = Punkt der Taumelscheibe S eine zusammengesetzte Bewegung hat und vektoriell nach der 2. kinematischen Grundgleichung ermittelt werden kann, da w_A = w_A' // V_A^* der Größe und Richtung nach bekannt, (▨) und w_{BumA} der Richtung nach bekannt und $w_B \perp B'B_1'$ // V_B^* der Richtung nach bekannt ist.

w_{BumA} ist die Relativgeschwindigkeit des Punktes B um den Punkt A, wobei man sich den Punkt A festgehalten vorstellen kann. Die Relativgeschwindigkeit steht ebenfalls senkrecht auf der parallel zum Drehvektor durch die Punkte A und B gelegten Ebene. Aus diesem Grunde steht ihr Bild V_{BumA}^* senkrecht auf der Spur $g_A' g_B'$ dieser Ebene. Diese Ebene im Raume können wir darstellen durch ihre Spur, das ist die Verbindungslinie der zu konstruierenden Spurpunkte g_A' und g_B', mit anderen Worten die Schnittlinie, die sich beim Durchstoßen der durch A und B und parallel zum Drehvektor gelegten Ebene mit der Grundrißebene bildet. Es steht also die Relativgeschwindigkeit w_{BumA} senkrecht zur Spur $g_A'\; g_B'$, da ihr Bild auch zur Spur senkrecht steht und die Geschwindigkeit parallel zu ihrem Bild verläuft. Somit haben wir die Wirkrichtung der Relativgeschwindigkeit (●). Mit diesen Bestimmungsgrößen schließt sich unser Geschwindigkeitsplan. Wir haben demnach folgende vektorielle Addition auszuführen:

a) Trage im Geschwindigkeitsplan Abbildung 10 die Bildlänge oa = w_A' // V_A^* der Größe und Richtung nach auf (▨).

b) Ziehe durch o die Parallele zum Bild v_{BumA}^* (●).

c) Ziehe durch a die Parallele zum Bild $v^*_{Bum\,A}$ bzw. die Normale zu den Spurpunkten g'_A und g'_B (●).

d) Die beiden Parallelen durch o und a schneiden sich im Punkte b des Geschwindigkeitsplanes. $\overline{ob}$ ist die gesuchte Geschwindigkeit v_B des Systempunktes B.

$$v_B = \text{Bildgröße} = v'_B$$

$\overline{ab}$ ist der Vektor v_{BumA} im Geschwindigkeitsplan, der uns die Größe der Relativgeschwindigkeit v_{BumA} liefert.

Um nun die Geschwindigkeit der Systempunkt CC_1 (normal zum Durchmesser BB_1 im Geschwindigkeitsplan zu erhalten, greift man auf den Ähnlichkeitssatz.

Da $\triangle$ abc $\perp g'_A\ g'_B\ g'_C$, d.h. die Seiten stehen wechselweise senkrecht aufeinander, gilt der Ähnlichkeitssatz. Dieser besagt:

Die Figur der Geschwindigkeitspunkte abc im Geschwindigkeitsplan ist ähnlich zu den Systempunkten ABC der entsprechenden Figur der Spurpunkte $g_A\ g_B\ g_C$ und gegenüber dieser um 90° gedreht. Somit ist der dem Systempunkt C entsprechende Geschwindigkeitspunkt c aus der Ähnlichkeit der Dreiecke ABC und $g_A\ g_B\ g_C$ zu finden.

e) Ziehe somit parallel durch a die Normale zu $g'_A\ g'_C$ und durch b parallel die Normale zu $g'_B\ g'_C$. Der Schnittpunkt ist der gesuchte Geschwindigkeitspunkt c im Geschwindigkeitsplan, und $\overline{oc}$ stellt den gesuchten Geschwindigkeitsvektor $v_C = v'_C$ dar (Bildgröße). In Abbildung 10 ist die Zusammensetzung der Geschwindigkeiten für die Kurbelstellung 60° gezeigt.

Da die Bildgrößen im Geschwindigkeitsplan parallel den Bildträgern und diese wiederum parallel dem Grundriß sind, so verschiebt man die ermittelten Größen aus dem Geschwindigkeitsplan in den Grundriß. Also die Geschwindigkeit v_B parallel in den Grundriß in den Punkt $B'B'_1$ und v_C in die Punkte $C'C'_1$. Die Geschwindigkeitsrichtungen sind die Richtungen der Bahntangente für das Zeitelement.

Die Geschwindigkeitskomponente v''_C im Aufriß ist parallel fT_C, wobei der Punkt T_C durch das Bild v_C gewonnen wird, indem man parallel zur ermittelten Geschwindigkeit v_C aus Geschwindigkeitsplan das Bild v^*_C durch den Antipol $e\omega$ zieht und zum Schnitt mit der Z-Achse bringt.

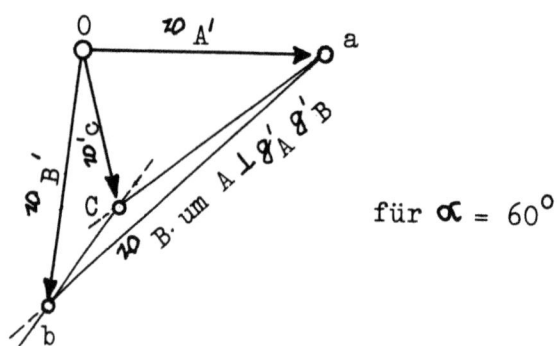

Abbildung 10

Geschwindigkeitsplan zur Ermittlung der Geschwindigkeit v_B
des Systempunktes B und v_C des Punktes C

Da die ermittelten Geschwindigkeiten durch Vektoren, d.h. durch gerichtete Größen (Strecken) dargestellt worden sind, so können wir an Hand unseres Maßstabes den Betrag der Geschwindigkeiten ablesen.

In Abbildung 11 sind die Geschwindigkeiten der untersuchten Systempunkte auf dem abgewinkelten halben Kurbelweg = der halben Kreisbahn des Punktes A = 1/2 Wellendrehung = $\pi \cdot r$ über der entsprechenden Kurbelstellung (Kurbelwinkel) aufgetragen. 1 mm der Zeichnung = 0,637 m/sek oder 1,59 mm d. Zchg. = 1 m/sek. Wir sehen in anschaulicher Weise die Phasenversetzung und den Verlauf der einzelnen Geschwindigkeiten der Taumelscheibenpunkte B C X mit ihren Extremwerten. Die Abbildung 11 gestattet, für jede Kurbelstellung (Getriebestellung) die zugehörigen Geschwindigkeiten der Taumelscheibenpunkte B, C, X abzulesen.

6. Der Drehvektor (Vektor der Winkelgeschwindigkeit)

Da wir in diesem Teilbericht die Geschwindigkeiten untersuchten, so wollen wir der Vollständigkeit halber noch den erwähnten Drehvektor $\vec{\omega}$ der Größe und Richtung nach bestimmen. Der Drehvektor wird bei der Untersuchung der Beschleunigungsverhältnisse noch eine Rolle spielen.

Die Bildgröße OW des Drehvektors $\vec{\omega}$ ergibt sich ebenfalls aus der vorgegebenen Geschwindigkeit $\vec{v}_A$ des Punktes A.

Zieht man z.B. von einem Punkt O einer Drehachse nach einem Punkt A des Getriebegliedes den Ortsvektor $OA = \vec{r}_A$ und trägt in A an den von A beschriebenen Kreis (Bahntangente) den Geschwindigkeitsvektor $\vec{v}_A$ an, so

Forschungsberichte des Wirtschafts- und Verkehrsministeriums Nordrhein-Westfalen

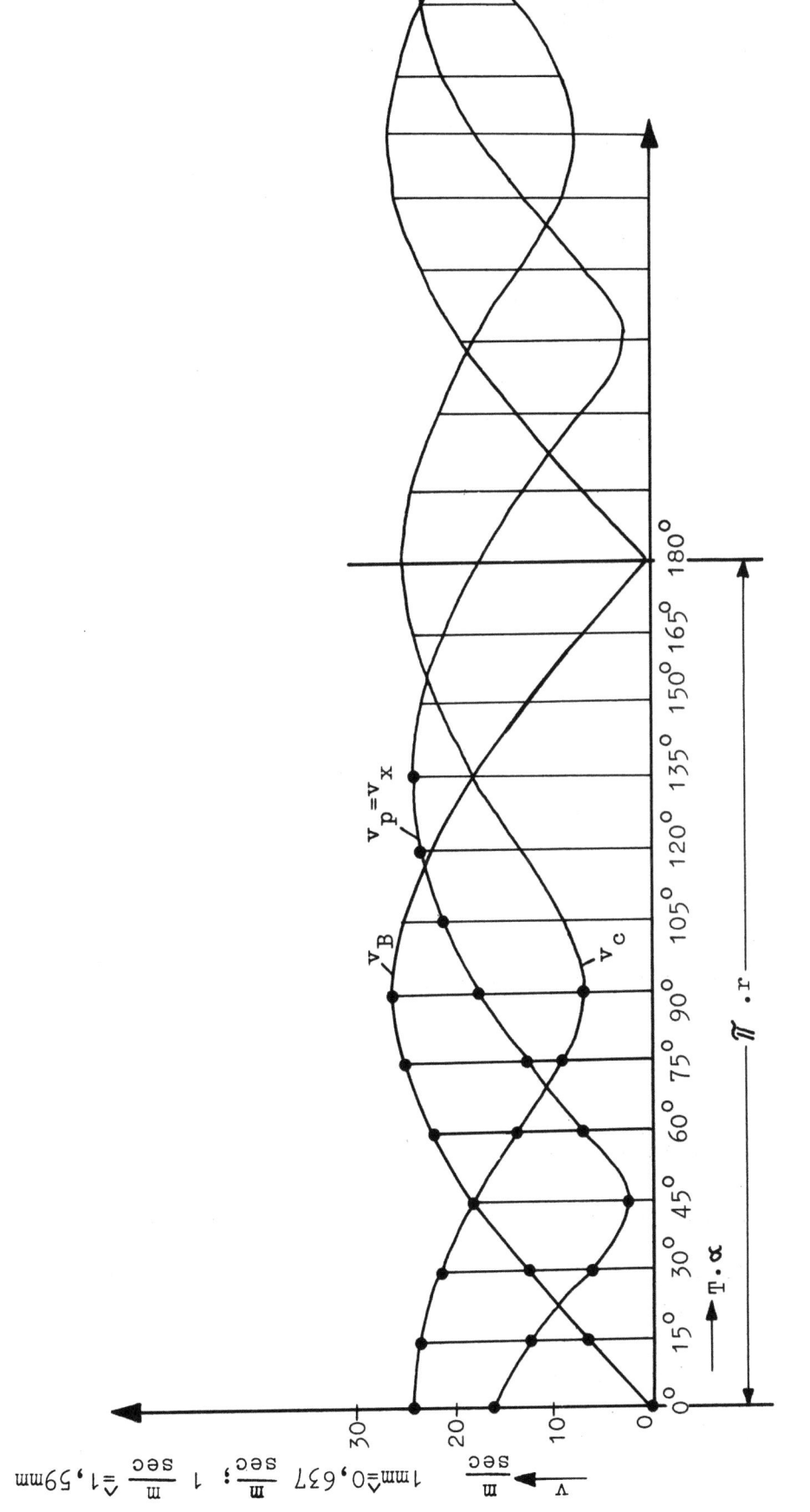

Abbildung 11

bilden die Vektoren $\vec{w}$ (Winkelgeschwindigkeitsvektor in die Drehachse fallend) $\vec{r}_A$ und $\vec{w}_A$ in dieser Reihenfolge ein Rechtssystem. Sie erfüllen außerdem die Bedingung

$$v = \omega \cdot r \cdot \sin \alpha$$

und es gilt die Gleichung als Vektorprodukt.

$$\vec{w} = [\vec{wo} \cdot \vec{r}] \quad \text{mit} \quad |\vec{w}| = v = \omega \cdot r \cdot \sin\alpha = \omega \cdot h$$

Die Vektorgleichung $\vec{w} = [\vec{wo} \times \vec{r}]$ ist im Schrifttum als Euler-Gleichung bekannt und stellt in Vektordarstellung das gleiche dar wie das übliche statische Moment $\vec{v} = \omega \cdot h$ (Abb. 12).

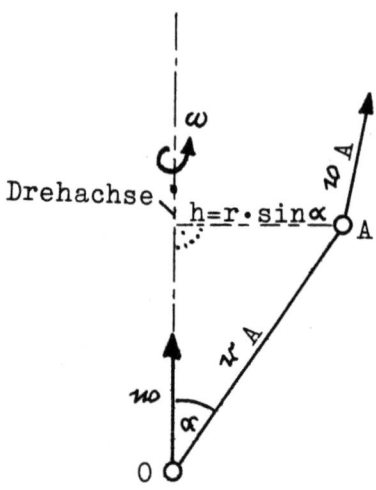

Abbildung 12

Der Winkelgeschwindigkeitsvektor (EULER-Gleichung)

In unserem Falle gilt auch für vektorielle Darstellung:

$$\vec{w}_A = [\vec{wo} \times \vec{r}] \quad \text{wobei} \quad \vec{r}_A \quad \text{der Ortsvektor von}$$

Punkt A bezüglich des Koordinatenursprungs O und $\vec{wo}$ der Drehvektor sind.

Da das Bild ω * bereits besprochen und ermittelt wurde, so ist der Betrag (Bildgröße)

$$|\vec{wo}| = c \cdot \omega' = O'W'$$

Graphisch erhalten wir den Drehvektor wie folgt:

a) Trage $\vec{w}_A'$ in entgegengesetzter Richtung in O' an, also $-\vec{w}_A' = O'(a)$

b) Verbinde den Spurpunkt g_A mit e_ω in der Abbildungsebene.

c) Errichte die Normale zu g_A e_ω durch (a), wo diese die momentane Drehachse ω' schneidet, liegt W'.

d) W' O' stellt Größe und Richtung des Drehvektors dar (Bildgröße).

Wie früher bereits gesagt, ist der Geschwindigkeitszustand festgelegt durch die Angabe des Drehvektors $\vec{\omega}$ und des festen Drehpunktes O.

Es sei z.B. $\vec{p}$ der Ortsvektor zu einem beliebigen Systempunkt P, der von dem in der Bildebene gelegenen Spurpunkt g_ω aus gemessen wird. Der Spurpunkt g_ω, der die Lage der Drehachse in der Bildebene festlegt, fällt bei der sphärischen Bewegung in den festen Drehpunkt O. Die Geschwindigkeit des Systempunktes P wird wieder $v_p = [\vec{\omega} \times \vec{p}]$ und seine auf Strecken reduzierte Geschwindigkeit $f_p = [\vec{u} \times \vec{p}]$ (reduziert, da die Geschwindigkeit durch den Absolutbetrag ω von $\vec{\omega}$ dividiert wird, denn die Geschwindigkeiten werden in der Zeichnung durch reine Strecken dargestellt).

Diese ist somit als statisches Moment des in der Drehachse gelegenen Einheitsvektors $\vec{u}$ um den Punkt P zu konstruieren. Mit anderen Worten bedeutet der Absolutbetrag aus $|\vec{u} \times \vec{p}|$ die Länge des Lotes von P auf die Drehachse. Die Untersuchung wurde für den Punkt X = P durchgeführt. Das Ergebnis ist in Abbildung 11 durch den Verlauf der Geschwindigkeit $V_X = V'_X$ wiedergegeben.

Dieser Geschwindigkeitsverlauf würde bei einem Taumelscheibentrieb mit Abwälzkegeln nach Abbildung 7 für alle auf gleichem Umfang liegenden Anlenkpunkte der Taumelscheibe angenähert gültig sein.

Sollen weitere beliebige Punkte des Taumelscheibentriebes nach Abbildung 2a untersucht werden, so vereinfachen sich nunmehr die Konstruktionen auf Grund der bereits ermittelten Geschwindigkeiten der Systempunkte B C X. Wir wenden einfach den Ähnlichkeitssatz an. Soll z.B. die Geschwindigkeit eines weiteren beliebigen Punktes Q festgestellt werden, so kann diese aus der bereits konstruierten Geschwindigkeit $f_p = \vec{u} \times p$ des Punktes P ermittelt werden. Der gesuchte Geschwindigkeitspunkt würde sich als Schnittpunkt der Geraden $pq \perp g_{p_1}g_{Q_1}$ und $O'q \perp O'g_{Q_1}$ ergeben (Abb.13).

Damit sind die wichtigsten Fragen bezüglich der Bahnen und der Geschwindigkeiten der interessierenden Systempunkte an der Taumelscheibe geklärt.

Als nächste Aufgabe sind die Beschleunigungsverhältnisse zu untersuchen, um die Grundlagen für die weitere kinematische und dynamische Untersuchung zu erhalten.

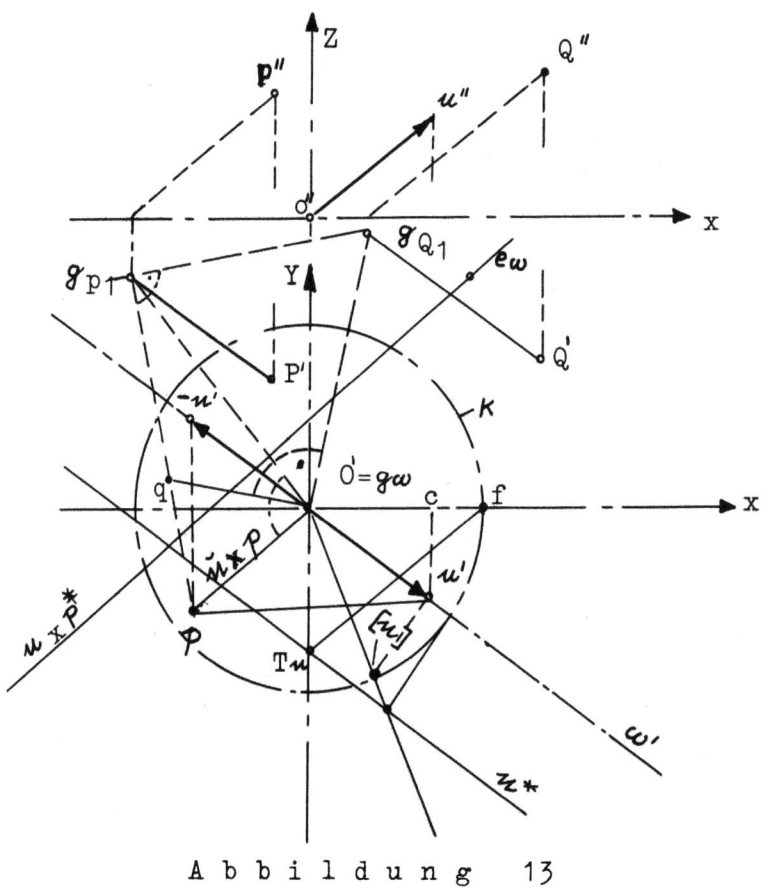

A b b i l d u n g   13

Ermittlung der Geschwindigkeit v_p als statisches Moment $\check{u} \times p$
v_Q nach dem Ähnlichkeitssatz

V. Zusammenfassung der Ergebnisse der grafischen Untersuchung

Es war die Aufgabe gestellt, die Kinematik des Taumelscheibentriebs für ein doppelt wirkendes, gegenläufiges, Zweitakt-Hochleistungs-Dieseltriebwerk mit achsparallelen Zylindern und vorgegebenen Konstruktionsabmessungen (Hub 160 mm, Höchst-Drehzahl 3000/min, Schrägstellwinkel der Taumelscheibe 15°, Zylinderbohrung 140 mm⌀) zu untersuchen, und insbesondere die Geschwindigkeitsverhältnisse des Taumelscheiben-Übertragungstriebs an den kritischen Punkten zu ermitteln.

Diese Aufgabe führte zur Untersuchung eines erweiterten sphärischen Getriebes, welche auf grafischem Wege nach dem Verfahren von MAYOR und

MISES durchgeführt wurde. Als wichtigste Ergebnisse der Untersuchung sind festzuhalten:

1. Die ermittelten maximalen Geschwindigkeiten der Taumelscheibenköpfe liegen in der Größenordnung von 24-26 m/s.

2. Die maximalen Kolbengeschwindigkeiten liegen bei einer Drehzahl von 3000/min unterhalb der Werte zu 1.)

3. Die mittlere Kolbengeschwindigkeit liegt bei einer Drehzahl von 3000/min in der Größenordnung von 16 m/s.

4. Ein Vergleichtriebwerk z.B. Jumo 224 mit normalem Kurbeltrieb und einem Hub von 160 mm besitzt bei einer Drehzahl von 3000/min eine maximale Kolbengeschwindigkeit von 26,3 m/s. und eine mittlere Kolbengeschwindigkeit von 16 m/s.

Zusammenfassend ergibt sich, daß die mittleren und maximalen Geschwindigkeitsverhältnisse des Taumelscheibentriebs in seiner vorliegenden Auslegung in der Größenordnung des normalen Kurbeltriebs mit gleichem Hub und gleicher Drehzahl liegen.

Von größter Bedeutung für die Konstruktion derartiger Triebwerke mit Taumelscheibengetrieben ist die Tatsache, daß hinsichtlich der Halterung der Taumelscheiben konstruktive Ausbildungsmöglichkeiten bestehen, die für alle Systempunkte der Taumelscheibe gleiche kinematische Verhältnisse, also gleiche Bahnen, Geschwindigkeiten und Beschleunigungen ergeben. Zusammen mit der Anordnung gegenläufiger, doppeltwirkender Kolben und Taumelscheiben ergeben sich für den Massenausgleich derartiger Triebwerke ideale Verhältnisse, im Gegensatz zu den bisherigen Bauformen, wo durch die unterschiedlichen kinematischen Verhältnisse der Systempunkte der Taumelscheibe die Frage nach dem Massenausgleich sich ungleich schwieriger gestaltet.

Die Ergebnisse zeigen eindeutig, daß das vorliegende Triebwerk mit Taumelscheibentrieb in der Entwurfsauslegung die technischen und konstruktiven Voraussetzungen zu einer erfolgreichen Weiterentwicklung besitzt.

Dr.-Ing. Johann ENDRES
Dozent für Luftfahrttriebwerke an der
Technischen Hochschule München
Dipl.-Ing. Heinz BLASWEILER, München
Sachbearbeiter

VI. Literaturverzeichnis

(1) STEIN, Dr. Ing. Getriebe mit räumlicher Dreistabbewegung, Taumelscheibengetriebe.
VDJ 1928 Nr. 14

(2) MÜLLER, Dr.Techn. Beschleunigungsverhältnisse beim sphärischen Kurbeltrieb und verwandten Mechanismen.
VDJ 1929 Nr. 4

(3) FEDERHOFER, K. Graphische Kinematik und Kinetostatik des starren räumlichen Systems Wien 1929 und 1932 J. Springer

FORSCHUNGSBERICHTE
DES WIRTSCHAFTS- UND VERKEHRSMINISTERIUMS
NORDRHEIN-WESTFALEN

Herausgegeben von Staatssekretär Prof. Dr. h. c. Leo Brandt

HEFT 1
Prof. Dr.-Ing. E. Flegler, Aachen
Untersuchungen oxydischer Ferromagnet-Werkstoffe
1952, 20 Seiten, DM 6,75

HEFT 2
Prof. Dr. W. Fuchs, Aachen
Untersuchungen über absatzfreie Teeröle
1952, 32 Seiten, 5 Abb., 6 Tabellen, DM 10,—

HEFT 3
Techn.-Wissenschaftl. Büro für die Bastfaserindustrie, Bielefeld
Untersuchungsarbeiten zur Verbesserung des Leinenwebstuhls
1952, 44 Seiten, 7 Abb., 3 Tabellen, DM 12,50

HEFT 4
Prof. Dr. E. A. Müller und Dipl.-Ing. H. Spitzer, Dortmund
Untersuchungen über die Hitzebelastung in Hüttenbetrieben
1952, 28 Seiten, 5 Abb., 1 Tabelle, DM 9,—

HEFT 5
Dipl.-Ing. W. Fister, Aachen
Prüfstand der Turbinenuntersuchungen
1952, 40 Seiten, 30 Abb., 3 Schaltbilder, DM 1,—

HEFT 6
Prof. Dr. W. Fuchs, Aachen
Untersuchungen über die Zusammensetzung und Verwendbarkeit von Schwelteerfraktionen
1952, 36 Seiten, DM 10,50

HEFT 7
Prof. Dr. W. Fuchs, Aachen
Untersuchungen über emsländisches Petrolatum
1952, 36 Seiten, 1 Abb., 17 Tabellen, DM 10,50

HEFT 8
M. E. Meffert und H. Stratmann, Essen
Algen-Großkulturen im Sommer 1951
1953, 52 Seiten, 4 Abb., 20 Tabellen, DM 9,75

HEFT 9
Techn.-Wissenschaftl. Büro für die Bastfaserindustrie, Bielefeld
Untersuchungen über die zweckmäßige Wicklungsart von Leinengarnkreuzspulen unter Berücksichtigung der Anwendung hoher Geschwindigkeiten des Garnes
Vorversuche für Zetteln und Schären von Leinengarnen auf Hochleistungsmaschinen
1952, 48 Seiten, 7 Abb., 7 Tabellen, DM 9,25

HEFT 10
Prof. Dr. W. Vogel, Köln
„Das Streifenpaar" als neues System zur mechanischen Vergrößerung kleiner Verschiebungen und seine technischen Anwendungsmöglichkeiten
1953, 20 Seiten, 6 Abb., DM 4,50

HEFT 11
Laboratorium für Werkzeugmaschinen und Betriebslehre, Technische Hochschule Aachen
1. Untersuchungen über Metallbearbeitung im Fräsvorgang mit Hartmetallwerkzeugen und negativem Spanwinkel
2. Weiterentwicklung des Schleifverfahrens für die Herstellung von Präzisionswerkstücken unter Vermeidung hoher Temperaturen
3. Untersuchung von Oberflächenveredlungsverfahren zur Steigerung der Belastbarkeit hochbeanspruchter Bauteile
1953, 80 Seiten, 61 Abb., DM 15,75

HEFT 12
Elektrowärme-Institut, Langenberg (Rhld.)
Induktive Erwärmung mit Netzfrequenz
1952, 22 Seiten, 6 Abb., DM 5,20

HEFT 13
Techn.-Wissenschaftl. Büro für die Bastfaserindustrie, Bielefeld
Das Naßspinnen von Bastfasergarnen mit chemischen Zusätzen zum Spinnbad
1953, 52 Seiten, 4 Abb., 19 Tabellen, DM 10,—

HEFT 14
Forschungsstelle für Acetylen, Dortmund
Untersuchungen über Aceton als Lösungsmittel für Acetylen
1952, 64 Seiten, 10 Abb., 26 Tabellen, DM 12,25

HEFT 15
Wäschereiforschung Krefeld
Trocknen von Wäschestoffen
1953, 48 Seiten, 14 Abb., 2 Tabellen, DM 9,—

HEFT 16
Max-Planck-Institut für Kohlenforschung, Mülheim a. d. Ruhr
Arbeiten des MPI für Kohlenforschung
1953, 104 Seiten, 9 Abb., DM 17,80

HEFT 17
Ingenieurbüro Herbert Stein, M.-Gladbach
Untersuchung der Verzugsvorgänge in den Streckwerken verschiedener Spinnereimaschinen. 1. Bericht: Vergleichende Prüfung mit verschiedenen Dickenmeßgeräten
1952, 36 Seiten, 15 Abb., DM 8,—

HEFT 18
Wäschereiforschung Krefeld
Grundlagen zur Erfassung der chemischen Schädigung beim Waschen
1953, 68 Seiten, 15 Abb., 15 Tabellen, DM 12,75

HEFT 19
Techn.-Wissenschaftl. Büro für die Bastfaserindustrie, Bielefeld
Die Auswirkung des Schlichtens von Leinengarnketten auf den Verarbeitungswirkungsgrad, sowie die Festigkeit und Dehnungsverhältnisse der Garne und Gewebe
1953, 48 Seiten, 1 Abb., 9 Tabellen, DM 9,—

HEFT 20
Techn.-Wissenschaftl. Büro für die Bastfaserindustrie, Bielefeld
Trocknung von Leinengarnen I
Vorgang und Einwirkung auf die Garnqualität
1953, 62 Seiten, 18 Abb., 5 Tabellen, DM 12,—

HEFT 21
Techn.-Wissenschaftl. Büro für die Bastfaserindustrie, Bielefeld
Trocknung von Leinengarnen II
Spulenanordnung und Luftführung beim Trocknen von Kreuzspulen
1953, 66 Seiten, 22 Abb., 9 Tabellen, DM 13,—

HEFT 22
Techn.-Wissenschaftl. Büro für die Bastfaserindustrie, Bielefeld
Die Reparaturanfälligkeit von Webstühlen
1953, 28 Seiten, 7 Abb., 5 Tabellen, DM 5,80

HEFT 23
Institut für Starkstromtechnik, Aachen
Rechnerische und experimentelle Untersuchungen zur Kenntnis der Metadyne als Umformer von konstanter Spannung auf konstanten Strom
1953, 52 Seiten, 20 Abb., 4 Tafeln, DM 9,75

HEFT 24
Institut für Starkstromtechnik, Aachen
Vergleich verschiedener Generator-Metadyne-Schaltungen in bezug auf statisches Verhalten
1952, 44 Seiten, 23 Abb., DM 8,50

HEFT 25
Gesellschaft für Kohlentechnik mbH., Dortmund-Eving
Struktur der Steinkohlen und Steinkohlen-Kokse
1953, 58 Seiten, 11 Abb., DM 11,—

HEFT 26
Techn.-Wissenschaftl. Büro für die Bastfaserindustrie, Bielefeld
Vergleichende Untersuchungen zweier neuzeitlicher Ungleichmäßigkeitsprüfer für Bänder und Garne hinsichtlich ihrer Eignung für die Bastfaserspinnerei
1953, 64 Seiten, 30 Abb., DM 12,50

HEFT 27
Prof. Dr. E. Schratz, Münster
Untersuchungen zur Rentabilität des Arzneipflanzenanbaues Römische Kamille, Anthemis nobilis L.
1953, 16 Seiten, 1 Tabelle, DM 3,60

HEFT 28
Prof. Dr. E. Schratz, Münster
Calendula officinalis L. Studien zur Ernährung, Blütenfüllung und Rentabilität der Drogengewinnung
1953, 24 Seiten, 2 Abb., 3 Tabellen, DM 5,20

HEFT 29
Techn.-Wissenschaftl. Büro für die Bastfaserindustrie, Bielefeld
Die Ausnützung der Leinengarne in Geweben
1953, 100 Seiten, 14 Abb., 10 Tabellen, DM 17,80

HEFT 30
Gesellschaft für Kohlentechnik mbH., Dortmund-Eving
Kombinierte Entaschung und Verschwelung von Steinkohle; Aufarbeitung von Steinkohlenschlämmen zu verkokbarer oder verschwelbarer Kohle
1953, 56 Seiten, 16 Abb., 10 Tabellen, DM 10,50

HEFT 31
Dipl.-Ing. A. Stormanns, Essen
Messung des Leistungsbedarfs von Doppelsteg-Kettenförderern
1954, 54 Seiten, 18 Abb., 3 Anlagen, DM 11,—

HEFT 32
Techn.-Wissenschaftl. Büro für die Bastfaserindustrie, Bielefeld
Der Einfluß der Natriumchloridbleiche auf Qualität und Verwebbarkeit von Leinengarnen und die Eigenschaften der Leinengewebe unter besonderer Berücksichtigung des Einsatzes von Schützen- und Spulenwechselautomaten in der Leinenweberei
1953, 64 Seiten, 2 Abb., 12 Tabellen, DM 11,50

HEFT 33
Kohlenstoffbiologische Forschungsstation e. V.
Eine Methode zur Bestimmung von Schwefeldioxyd und Schwefelwasserstoff in Rauchgasen und in der Atmosphäre
1953, 32 Seiten, 8 Abb., 3 Tabellen, DM 6,50

HEFT 34
Textilforschungsanstalt Krefeld
Quellungs- und Entquellungsvorgänge bei Faserstoffen
1953, 52 Seiten, 13 Abb., 13 Tabellen, DM 9,80

WESTDEUTSCHER VERLAG · KÖLN UND OPLADEN

HEFT 35
Professor Dr. W. Kast, Krefeld
Feinstrukturuntersuchungen an künstlichen Zellulosefasern verschiedener Herstellungsverfahren. Teil I: Der Orientierungszustand
1953, 74 Seiten, 30 Abb., 7 Tabellen, DM 13,80

HEFT 36
Forschungsinstitut der feuerfesten Industrie, Bonn
Untersuchungen über die Trocknung von Rohton
Untersuchungen über die chemische Reinigung von Silika- und Schamotte-Rohstoffen mit chlorhaltigen Gasen
1953, 60 Seiten, 5 Abb., 5 Tabellen, DM 11,—

HEFT 37
Forschungsinstitut der feuerfesten Industrie, Bonn
Untersuchungen über den Einfluß der Probenvorbereitung auf die Kaltdruckfestigkeit feuerfester Steine
1953, 40 Seiten, 2 Abb., 5 Tabellen, DM 7,80

HEFT 38
Forschungsstelle für Acetylen, Dortmund
Untersuchungen über die Trocknung von Acetylen zur Herstellung von Dissousgas
1953, 36 Seiten, 11 Abb., 3 Tabellen, DM 6,80

HEFT 39
Forschungsgesellschaft Blechverarbeitung e. V., Düsseldorf
Untersuchungen an prägegemusterten und vorgelochten Blechen
1953, 46 Seiten, 34 Abb., DM 9,50

HEFT 40
Landesgeologe Dr.-Ing. W. Wolff, Amt für Bodenforschung, Krefeld
Untersuchungen über die Anwendbarkeit geophysikalischer Verfahren zur Untersuchung von Spateisengängen im Siegerland
1953, 46 Seiten, 8 Abb., DM 8,80

HEFT 41
Techn.-Wissenschaftl. Büro für die Bastfaserindustrie, Bielefeld
Untersuchungsarbeiten zur Verbesserung des Leinenwebstuhles II
1953, 40 Seiten, 4 Abb., 5 Tabellen, DM 7,80

HEFT 42
Professor Dr. B. Helferich, Bonn
Untersuchungen über Wirkstoffe — Fermente — in der Kartoffel und die Möglichkeit ihrer Verwendung
1953, 58 Seiten, 9 Abb., DM 11,—

HEFT 43
Forschungsgesellschaft Blechverarbeitung e. V., Düsseldorf
Forschungsergebnisse über das Beizen von Blechen
1953, 48 Seiten, 38 Abb., 2 Tabellen, DM 11,30

HEFT 44
Arbeitsgemeinschaft für praktische Dehnungsmessung, Düsseldorf
Eigenschaften und Anwendungen von Dehnungsmeßstreifen
1953, 68 Seiten, 43 Abb., 2 Tabellen, DM 13,70

HEFT 45
Losenhausenwerk Düsseldorfer Maschinenbau AG., Düsseldorf
Untersuchungen von störenden Einflüssen auf die Lastgrenzenanzeige von Dauerschwingprüfmaschinen
1953, 36 Seiten, 11 Abb., 3 Tabellen, DM 7,25

HEFT 46
Prof. Dr. W. Fuchs, Aachen
Untersuchungen über die Aufbereitung von Wasser für die Dampferzeugung in Benson-Kesseln
1953, 58 Seiten, 18 Abb., 9 Tabellen, DM 11,20

HEFT 47
Prof. Dr.-Ing. K. Krekeler, Aachen
Versuche über die Anwendung der induktiven Erwärmung zum Sintern von hochschmelzenden Metallen sowie zur Anlegierung und Vergütung von aufgespritzten Metallschichten mit dem Grundwerkstoff
1954, 66 Seiten, 39 Abb., DM 13,90

HEFT 48
Max-Planck-Institut für Eisenforschung, Düsseldorf
Spektrochemische Analyse der Gefügebestandteile in Stählen nach ihrer Isolierung
1953, 38 Seiten, 8 Abb., 5 Tabellen, DM 7,80

HEFT 49
Max-Planck-Institut für Eisenforschung, Düsseldorf
Untersuchungen über Ablauf der Desoxydation und die Bildung von Einschlüssen in Stählen
1953, 52 Seiten, 19 Abb., 3 Tabellen, DM 12,40

HEFT 50
Max-Planck-Institut für Eisenforschung, Düsseldorf
Flammenspektralanalytische Untersuchung der Ferritzusammensetzung in Stählen
1953, 44 Seiten, 15 Abb., 4 Tabellen, DM 8,60

HEFT 51
Verein zur Förderung von Forschungs- und Entwicklungsarbeiten in der Werkzeugindustrie e. V., Remscheid
Untersuchungen an Kreissägeblättern für Holz, Fehler- und Spannungsprüfverfahren
1953, 50 Seiten, 23 Abb., DM 10,—

HEFT 52
Forschungsstelle für Acetylen, Dortmund
Untersuchungen über den Umsatz bei der explosiblen Zersetzung von Azetylen
a) Zersetzung von gasförmigem Azetylen
b) Zersetzung von an Silikagel absorbiertem Azetylen
1954, 48 Seiten, 8 Abb., 10 Tabellen, DM 9,25

HEFT 53
Professor Dr.-Ing. H. Opitz, Aachen
Reibwert und Verschleißmessungen an Kunststoffgleitführungen für Werkzeugmaschinen
1954, 38 Seiten, 18 Abb., DM 8,20

HEFT 54
Professor Dr.-Ing. F. A. F. Schmidt, Aachen
Schaffung von Grundlagen für die Erhöhung der spez. Leistung und Herabsetzung des spez. Brennstoffverbrauches bei Ottomotoren mit Teilbericht über Arbeiten an einem neuen Einspritzverfahren
1954, 34 Seiten, 15 Abb., DM 7,40

HEFT 55
Forschungsgesellschaft Blechverarbeitung e. V., Düsseldorf
Chemisches Glänzen von Messing und Neusilber
1954, 50 Seiten, 21 Abb., 1 Tabelle, DM 10,20

HEFT 56
Forschungsgesellschaft Blechverarbeitung e. V., Düsseldorf
Untersuchungen über einige Probleme der Behandlung von Blechoberflächen
1954, 52 Seiten, 42 Abb., DM 11,20

HEFT 57
Prof. Dr.-Ing. F. A. F. Schmidt, Aachen
Untersuchungen zur Erforschung des Einflusses des chemischen Aufbaues des Kraftstoffes auf sein Verhalten im Motor und in Brennkammern von Gasturbinen
1954, 70 Seiten, 32 Abb., DM 14,60

HEFT 58
Gesellschaft für Kohlentechnik mbH., Dortmund
Herstellung und Untersuchung von Steinkohlenschwelteer
1954, 74 Seiten, 9 Abb., 9 Tabellen, DM 13,75

HEFT 59
Forschungsinstitut der Feuerfest-Industrie e. V., Bonn
Ein Schnellanalysenverfahren zur Bestimmung von Aluminiumoxyd, Eisenoxyd und Titanoxyd in feuerfestem Material mittels organischer Farbreagenzien auf photometrischem Wege
Untersuchungen des Alkali-Gehaltes feuerfester Stoffe mit dem Flammenphotometer nach Riehm-Lange
1954, 62 Seiten, 12 Abb., 3 Tabellen, DM 11,60

HEFT 60
Forschungsgesellschaft Blechverarbeitung e. V., Düsseldorf
Untersuchungen über das Spritzlackieren im elektrostatischen Hochspannungsfeld
1954, 82 Seiten, 53 Abb., 7 Tabellen, DM 17,—

HEFT 61
Verein zur Förderung von Forschungs- und Entwicklungsarbeiten in der Werkzeugindustrie e. V., Remscheid
Schwingungs- und Arbeitsverhalten von Kreissägeblättern für Holz
1954, 54 Seiten, 31 Abb., DM 11,40

HEFT 62
Professor Dr. W. Franz, Institut für theoretische Physik der Universität Münster
Berechnung des elektrischen Durchschlags durch feste und flüssige Isolatoren
1954, 36 Seiten, DM 7,—

HEFT 63
Textilforschungsanstalt Krefeld
Neue Methoden zur Untersuchung der Wirkungsweise von Textilhilfsmitteln
Untersuchungen über Schlichtungs- und Entschlichtungsvorgänge
1954, 34 Seiten, 1 Abb., 5 Tabellen, DM 6,80

HEFT 64
Textilforschungsanstalt Krefeld
Die Kettenlängenverteilung von hochpolymeren Faserstoffen
Über die fraktionierte Fällung von Polyamiden
1954, 44 Seiten, 13 Abb., DM 8,60

HEFT 65
Fachverband Schneidwarenindustrie, Solingen
Untersuchungen über das elektrolytische Polieren von Tafelmesserklingen aus rostfreiem Stahl
1954, 90 Seiten, 38 Abb., 9 Tabellen, DM 17,35

HEFT 66
Dr.-Ing. P. Füsgen VDI †, Düsseldorf
Untersuchungen über das Auftreten des Ratterns bei selbsthemmenden Schneckengetrieben und seine Verhütung
1954, 32 Seiten, 5 Abb., DM 6,60

HEFT 67
Heinrich Wösthoff o. H. G., Apparatebau, Bochum
Entwicklung einer chemisch-physikalischen Apparatur zur Bestimmung kleinster Kohlenoxyd-Konzentrationen
1954, 94 Seiten, 48 Abb., 2 Tabellen, DM 18,25

HEFT 68
Kohlenstoffbiologische Forschungsstation e. V., Essen
Algengroßkulturen im Sommer 1952
II. Über die unsterile Großkultur von Scenedesmus obliquus
1954, 62 Seiten, 3 Abb., 29 Tabellen, DM 11,40

HEFT 69
Wäschereiforschung Krefeld
Bestimmung des Faserabbaues bei Leinen unter besonderer Berücksichtigung der Leinengarnbleiche
1954, 48 Seiten, 15 Abb., 3 Tabellen, DM 9,60

HEFT 70
Wäschereiforschung Krefeld
Trocknen von Wäschestoffen
1954, 52 Seiten, 18 Abb., 3 Tabellen, DM 10,—

HEFT 71
Prof. Dr.-Ing. K. Leist, Aachen
Kleingasturbinen, insbesondere zum Fahrzeugantrieb
1954, 114 Seiten, 85 Abb., DM 22,—

HEFT 72
Prof. Dr.-Ing. K. Leist, Aachen
Beitrag zur Untersuchung von stehenden geraden Turbinengittern mit Hilfe von Druckverteilungsmessungen
1954, 152 Seiten, 111 Abb., DM 36,20

HEFT 73
Prof. Dr.-Ing. K. Leist, Aachen
Spannungsoptische Untersuchungen von Turbinenschaufelfüßen
1954, 66 Seiten, 46 Abb., 2 Tabellen, DM 14,60

HEFT 74
Max-Planck-Institut für Eisenforschung, Düsseldorf
Versuche zur Klärung des Umwandlungsverhaltens eines sonderkarbidbildenden Chromstahls
1954, 58 Seiten, 10 Abb., DM 14,—

HEFT 75
Max-Planck-Institut für Eisenforschung, Düsseldorf
Zeit-Temperatur-Umwandlungs-Schaubilder als Grundlage der Wärmebehandlung der Stähle
1954, 44 Seiten, 13 Abb., DM 8,70

HEFT 76
Max-Planck-Institut für Arbeitsphysiologie, Dortmund
Arbeitstechnische und arbeitsphysiologische Rationalisierung von Mauersteinen
1954, 52 Seiten, 12 Abb., 3 Tabellen, DM 10,20

HEFT 77
Meteor Apparatebau Paul Schmeck GmbH., Siegen
Entwicklung von Leuchtstoffröhren hoher Leistung
1954, 46 Seiten, 12 Abb., 2 Tabellen, DM 9,15

HEFT 78
Forschungsstelle für Acetylen, Dortmund
Über die Zustandsgleichung des gasförmigen Acetylens und das Gleichgewicht Acetylen — Aceton
1954, 42 Seiten, 3 Abb., 8 Tabellen, DM 8,—

HEFT 79
Techn.-Wissenschaftl. Büro für die Bastfaserindustrie, Bielefeld
Trocknung von Leinengarnen III
Spinnspulen- und Spinnkopftrocknung
Vorgang und Einwirkung auf die Garnqualität
1954, 74 Seiten, 18 Abb., 10 Tabellen, DM 14,—

WESTDEUTSCHER VERLAG · KÖLN UND OPLADEN

HEFT 80
Techn.-Wissenschaftl. Büro für die Bastfaserindustrie, Bielefeld
Die Verarbeitung von Leinengarn auf Webstühlen mit und ohne Oberbau
1954, 30 Seiten, 2 Abb., 2 Tabellen, DM 6,—

HEFT 81
Prüf- und Forschungsinstitut für Ziegeleierzeugnisse, Essen-Kray
Die Einführung des großformatigen Einheits-Gitterziegels im Lande Nordrhein-Westfalen
1954, 54 Seiten, 2 Abb., 2 Tabellen, DM 10,—

HEFT 82
Vereinigte Aluminium-Werke AG., Bonn
Forschungsarbeiten auf dem Gebiet der Veredelung von Aluminium-Oberflächen
1954, 46 Seiten, 34 Abb., DM 9,60

HEFT 83
Prof. Dr. S. Strugger, Münster
Über die Struktur der Proplastiden
1954, 30 Seiten, 15 Abb., DM 8,40

HEFT 84
Dr. H. Baron, Düsseldorf
Über Standardisierung von Wundtextilien
1954, 32 Seiten, DM 6,40

HEFT 85
Textilforschungsanstalt Krefeld
Physikalische Untersuchungen an Fasern, Fäden, Garnen und Geweben:
Untersuchungen am Knickscheuergerät nach Weltzien
1954, 40 Seiten, 11 Abb., 8 Tabellen, DM 10,—

HEFT 86
Prof. Dr.-Ing. H. Opitz, Aachen
Untersuchungen über das Fräsen von Baustahl sowie über den Einfluß des Gefüges auf die Zerspanbarkeit
1954, 108 Seiten, 73 Abb., 7 Tabellen, DM 22,—

HEFT 87
Gemeinschaftsausschuß Verzinken, Düsseldorf
Untersuchungen über Güte von Verzinkungen
1954, 68 Seiten, 56 Abb., 3 Tabellen, DM 15,30

HEFT 88
Gesellschaft für Kohlentechnik mbH., Dortmund-Eving
Oxydation von Steinkohle mit Salpetersäure
1954, 62 Seiten, 2 Abb., 1 Tabelle, DM 11,50

HEFT 89
Verein Deutscher Ingenieure, Gleitlagerforschung, Düsseldorf und Prof. Dr.-Ing. G. Vogelpohl, Göttingen
Versuche mit Preßstoff-Lagern für Walzwerke
1954, 70 Seiten, 34 Abb., DM 14,10

HEFT 90
Forschungs-Institut der Feuerfest-Industrie, Bonn
Das Verhalten von Silikasteinen im Siemens-Martin-Ofengewölbe
1954, 62 Seiten, 15 Abb., 11 Tabellen, DM 11,90

HEFT 91
Forschungs-Institut der Feuerfest-Industrie, Bonn
Untersuchungen des Zusammenhangs zwischen Leistung und Kohlenverbrauch von Kammeröfen zum Brennen von feuerfesten Materialien
1954, 42 Seiten, 6 Abb., DM 8,30

HEFT 92
Techn.-Wissenschaftl. Büro für die Bastfaserindustrie, Bielefeld und Laboratorium für textile Meßtechnik, M.-Gladbach
Messungen von Vorgängen am Webstuhl
1954, 76 Seiten, 45 Abb., DM 15,50

HEFT 93
Prof. Dr. W. Kast, Krefeld
Spinnversuche zur Strukturerfassung künstlicher Zellulosefasern
1954, 82 Seiten, 39 Abb., 6 Tabellen, DM 16,—

HEFT 94
Prof. Dr. G. Winter, Bonn
Die Heilpflanzen des MATTHIOLUS (1611) gegen Infektionen der Harnwege und Verunreinigung der Wunden bzw. zur Förderung der Wundheilung im Lichte der Antibiotikaforschung
1954, 58 Seiten, 1 Abb., 2 Tabellen, DM 11,50

HEFT 95
Prof. Dr. G. Winter, Bonn
Untersuchungen über die flüchtigen Antibiotika aus der Kapuziner- (Tropaeolum maius) und Gartenkresse (Lepidium sativum) und ihr Verhalten im menschlichen Körper bei Aufnahme von Kapuziner- bzw. Gartenkressensalat per os
1955, 74 Seiten, 9 Abb., 25 Tabellen, DM 14,—

HEFT 96
Dr.-Ing. P. Koch, Dortmund
Austritt von Exoelektronen aus Metalloberflächen unter Berücksichtigung der Verwendung des Effektes für die Materialprüfung
1954, 34 Seiten, 13 Abb., DM 7,—

HEFT 97
Ing. H. Stein, Laboratorium für textile Meßtechnik, M.-Gladbach
Untersuchung der Verzugsvorgänge an den Streckwerken verschiedener Spinnereimaschinen
2. Bericht: Ermittlung der Haft-Gleiteigenschaften von Faserbändern und Vorgarnen
1955, 98 Seiten, 54 Abb., DM 21,—

HEFT 98
Fachverband Gesenkschmieden, Hagen
Die Arbeitsgenauigkeit beim Gesenkschmieden unter Hämmern
1955, 132 Seiten, 55 Abb., 9 Tabellen, DM 24,75

HEFT 99
Prof. Dr.-Ing. G. Garbotz, Aachen
Der Kraft- und Arbeitsaufwand sowie die Leistungen beim Biegen von Bewehrungsstählen in Abhängigkeit von den Abmessungen, den Formen und der Güte der Stähle (Ermittlung von Leistungsrichtlinien)
1955, 136 Seiten, 53 Abb., 3 Anlagen, 18 Tabellen, DM 30,—

HEFT 100
Prof. Dr.-Ing. H. Opitz, Aachen
Untersuchungen von elektrischen Antrieben, Steuerungen und Regelungen an Werkzeugmaschinen
1955, 166 Seiten, 71 Abb., 3 Tabellen, DM 31,30

HEFT 101
Prof. Dr.-Ing. H. Opitz, Aachen
Wirtschaftlichkeitsbetrachtungen beim Außenrundschleifen
1955, 100 Seiten, 56 Abb., 3 Tabellen, DM 19,30

HEFT 102
Dr. P. Hölemann, Ing. R. Hasselmann und Ing. G. Dix, Dortmund
Untersuchungen über die thermische Zündung von explosiblen Acetylenzersetzungen in Kapillaren
1954, 44 Seiten, 5 Abb., 4 Tabellen, DM 8,60

HEFT 103
Prof. Dr. W. Weizel, Bonn
Durchführung von experimentellen Untersuchungen über den zeitlichen Ablauf von Funken in komprimierten Edelgasen sowie zu deren mathematischen Berechnung
1955, 46 Seiten, 12 Abb., DM 9,10

HEFT 104
Prof. Dr. W. Weizel, Bonn
Über den Einfluß der Elektroden auf die Eigenschaften von Cadmium-Sulfid-Widerstands-Photozellen
1955, 48 Seiten, 12 Abb., DM 9,45

HEFT 105
Dr.-Ing. R. Meldau, Harsewinkel/Westf.
Auswertung von Gekörn — Analysen des Musterstaubes „Flugasche Fortuna I"
1955, 42 Seiten, 14 Abb., DM 8,50

HEFT 106
ORR. Dr.-Ing. W. Küch, Dortmund
Untersuchungen über die Einwirkung von feuchtigkeitsgesättigter Luft auf die Festigkeit von Leimverbindungen
1954, 60 Seiten, 10 Abb., 6 Tabellen, DM 11,40

HEFT 107
Prof. Dr. H. Lange und Dipl.-Phys. P. St. Pütter, Köln
Über die Konstruktion von Laboratoriumsmagneten
1955, 66 Seiten, 19 Abb., 1 Tabelle, DM 12,30

HEFT 108
Prof. Dr. W. Fuchs, Aachen
Untersuchungen über neue Beizmethoden und Beizabwässer
I. Die Entzunderung von Drähten mit Natriumhydrid
II. Die Aufbereitung von Beizabwässern
1955, 82 S., 15 Abb., 14 Tabellen, 1 Falttafel, DM 15,25

HEFT 109
Dr. P. Hölemann und Ing. R. Hasselmann, Dortmund
Untersuchungen über die Löslichkeit von Azetylen in verschiedenen organischen Lösungsmitteln
1954, 42 Seiten, 10 Abb., 8 Tabellen, DM 8,30

HEFT 110
Dr. P. Hölemann und Ing. R. Hasselmann, Dortmund
Untersuchungen über den Druckverlauf bei der explosiblen Zersetzung von gasförmigem Azetylen
1955, 54 Seiten, 10 Abb., 5 Tabellen, DM 11,—

HEFT 111
Fachverband Steinzeugindustrie, Köln
Die Entwicklung eines Gerätes zur Beschickung seitlicher Feuer von Steinzeug-Einzelkammeröfen mit festen Brennstoffen
1955, 46 Seiten, 16 Abb., DM 9,40

HEFT 112
Prof. Dr.-Ing. H. Opitz, Aachen
Verschleißmessungen beim Drehen mit aktivierten Hartmetallwerkzeugen
1954, 44 Seiten, 17 Abb., 6 Tabellen, DM 8,80

HEFT 113
Prof. Dr. O. Graf, Dortmund
Erforschung der geistigen Ermüdung und nervösen Belastung: Studien über die vegetative 24-Stunden-Rhythmik in Ruhe und unter Belastung
1955, 40 Seiten, 12 Abb., DM 8,20

HEFT 114
Prof. Dr. O. Graf, Dortmund
Studien über Fließarbeitsprobleme an einer praxisnahen Experimentieranlage
1954, 34 Seiten, 6 Abb., DM 7,—

HEFT 115
Prof. Dr. O. Graf, Dortmund
Studium über Arbeitspausen in Betrieben bei freier und zeitgebundener Arbeit (Fließarbeit) und ihre Auswirkung auf die Leistungsfähigkeit
1955, 50 Seiten, 13 Abb., 2 Tabellen, DM 9,80

HEFT 116
Dr.-Ing. E. Siebel und Dr.-Ing. H. Weiss, Stuttgart
Untersuchungen an einigen Problemen des Tiefziehens — I. Teil
1955, 74 Seiten, 50 Abb., 5 Tabellen, DM 14,50

HEFT 117
Dr.-Ing. H. Beißwänger, Stuttgart, und Dr.-Ing. S. Schwandt, Trier
Untersuchungen an einigen Problemen des Tiefziehens — II. Teil
1955, 92 Seiten, 34 Abb., 8 Tabellen, DM 17,70

HEFT 118
Prof. Dr. E. A. Müller und Dr. H. G. Wenzel, Dortmund
Neuartige Klima-Anlage zur Erzeugung ungleicher Luft- und Strahlungstemperaturen in einem Versuchsraum
1955, 68 Seiten, 10 z. T. mehrfarb. Abb., DM 14,—

HEFT 119
Dr.-Ing. O. Viertel, Krefeld
Wäscherei- und energietechnische Untersuchung einer Gemeinschafts-Waschanlage
1955, 50 Seiten, 18 Abb., DM 10,20

HEFT 120
Dipl.-Ing. A. Weisbecker, Lüdenscheid
Über Anfressung an Reinstaluminium-Schweißnähten bei der elektrolytischen Oxydation
Gebr. Hörstermann GmbH., Velbert
Entwicklung und Erprobung eines neuartigen Gummibandförderers
1955, 46 Seiten, 18 Abb., DM 9,70

HEFT 121
Dr. H. Krebs, Bonn
I. Die Struktur und die Eigenschaften der Halbmetalle
II. Die Bestimmung der Atomverteilung in amorphen Substanzen
III. Die chemische Bindung in anorganischen Festkörpern und das Entstehen metallischer Eigenschaften
1955, 124 Seiten, 36 Abb., 13 Tabellen, DM 22,90

HEFT 122
Prof. Dr. W. Fuchs, Aachen
Untersuchungen zur Verbesserung der Wasseraufbereitung und Wasseranalyse:
Über die Schnellbewertung von Ionenaustauscher
1955, 62 Seiten, 32 Abb., DM 12,30

HEFT 123
Dipl.-Ing. J. Emondts, Aachen
Über Bodenverformungen bei stark gestörtem und mächtigem, wasserführendem Deckgebirge im Aachener Steinkohlengebiet
1955, 196 Seiten, 37 Abb., 10 Tabellen, DM 28,80

HEFT 124
Prof. Dr. R. Seyffert, Köln
Wege und Kosten der Distribution der Hausratwaren im Lande Nordrhein-Westfalen
1955, 74 Seiten, 25 Tabellen, DM 9,—

WESTDEUTSCHER VERLAG · KÖLN UND OPLADEN

HEFT 125
Prof. Dr. E. Kappler, Münster
Eine neue Methode zur Bestimmung von Kondensations-Koeffizienten von Wasser
1955, 46 Seiten, 11 Abb., 1 Tabelle, DM 9,10

HEFT 126
Prof. Dr.-Ing. J. Mathieu, Aachen
Arbeitszeitvergleich
Grundlagen, Methodik und praktische Durchführung
1955, 70 Seiten, DM 13,—

HEFT 127
Güteschutz Betonstein e. V., Arbeitskreis Nordrhein-Westfalen, Dortmund
Die Betonwaren-Gütesicherung im Lande Nordrhein-Westfalen
1955, 58 Seiten, 15 Abb., 3 Tabellen, DM 11,50

HEFT 128
Prof. Dr. O. Schmitz-DuMont, Bonn
Untersuchungen über Reaktionen in flüssigem Ammoniak
1955, 96 Seiten, 11 Abb., 6 Tabellen, DM 17,75

HEFT 129
Prof. Dr.-Ing. J. Mathieu und Dr. C. A. Roos, Aachen
Die Anlernung von Industriearbeitern
I. Ergebnisse einer grundsätzlichen Untersuchung der gegenwärtigen Industriearbeiter-Kurzanlernung
1955, 106 Seiten, DM 19,70

HEFT 130
Prof. Dr.-Ing. J. Mathieu und Dr. C. A. Roos, Aachen
Die Anlernung von Industriearbeitern
II. Beiträge zur Methodenfrage der Kurzanlernung
1955, 108 Seiten, DM 19,90

HEFT 131
Dr. W. Hoerburger, Köln
Versuche zur Biosynthese von Eiweiß aus Kohlenwasserstoff
1955, 34 Seiten, 2 Abb., DM 6,90

HEFT 132
Prof. Dr. W. Seith, Münster
Über Diffusionserscheinungen in festen Metallen
1955, 42 Seiten, 19 Abb., 4 Tabellen, DM 9,10

HEFT 133
Prof. Dr. E. Jenckel, Aachen
Über einen für Schwermetalle selektiven Ionenaustauscher
1955, 48 Seiten, 8 Abb., 13 Tabellen, DM 9,50

HEFT 134
Prof. Dr.-Ing. H. Winterhager, Aachen
Über die elektrochemischen Grundlagen der Schmelzfluß-Elektrolyse von Bleisulfid in geschmolzenen Mischungen mit Bleichlorid
1955, 54 Seiten, 20 Abb., 5 Tabellen, DM 11,80

HEFT 135
Prof. Dr.-Ing. K. Krekeler und Dr.-Ing. H. Peukert, Aachen
Die Änderung der mechanischen Eigenschaften thermoplastischer Kunststoffe durch Warmrecken
1955, 54 Seiten, 27 Abb., DM 11,10

HEFT 136
Dipl.-Phys. P. Pilz, Remscheid
Über spezielle Probleme der Zerkleinerungstechnik von Weichstoffen
1955, 58 Seiten, 19 Abb., 2 Tabellen, DM 11,50

HEFT 137
Prof. Dr. W. Baumeister, Münster
Beiträge zur Mineralstoffernährung der Pflanzen
1955, 64 Seiten, 6 Tabellen, DM 11,80

HEFT 138
Dr. P. Hölemann und Ing. R. Hasselmann, Dortmund
Untersuchungen über die Zersetzungswärme von gasförmigem und in Azeton gelöstem Azetylen
1955, 54 Seiten, 8 Abb., 7 Tabellen, DM 10,40

HEFT 139
Prof. Dr. W. Fuchs, Aachen
Studien über die thermische Zersetzung der Kohle und die Kohlendestillatprodukte
1955, 64 Seiten, 20 Abb., 22 Tabellen, DM 11,80

HEFT 140
Dr.-Ing. G. Hausberg, Essen
Modellversuche an Zyklonen
1955, 78 Seiten, 24 Abb., DM 15,70

HEFT 141
Dr. J. van Calker und Dr. R. Wienecke, Münster
Untersuchungen über den Einfluß dritter Analysenpartner auf die spektrochemische Analyse
1955, 42 Seiten, 15 Abb., DM 9,10

HEFT 142
Dipl.-Ing. G. M. F. Wiebel, Hannover, A. Konermann und A. Ottenheym, Sennelager
Entwicklung eines Kalksandleichtsteines
1955, 38 Seiten, 4 Abb., DM 8,—

HEFT 143
Prof. Dr. F. Wever, Dr. A. Rose und Dipl.-Ing. W. Straßburg, Düsseldorf
Härtbarkeit und Umwandlungsverhalten der Stähle
1955, 50 Seiten, 12 Abb., 3 Tabellen, DM 10,70

HEFT 144
Prof. Dr. H. Wurmbach, Bonn
Steuerung von Wachstum und Formbildung
1955, 48 Seiten, 19 Abb., DM 10,30

HEFT 145
Dr. G. Hennemann, Werdohl (Westf.)
Beitrag zur Interpretation der modernen Atomphysik
1955, 34 Seiten, DM 10,—

HEFT 146
Dr.-Ing. F. Gruß, Düsseldorf
Sterilisation mit Heißluft
1955, 34 Seiten, 10 Abb., DM 7,70

HEFT 147
Dr.-Ing. W. Rudisch, Unna
Untersuchung einer drehelastischen Elektromagnet-Synchronkupplung
1955, 82 Seiten, 65 Abb., DM 17,70

HEFT 148
Prof. Dr. H. Bittel u. Dipl.-Phys. L. Storm, Münster
Untersuchungen über Widerstandsrauschen
1955, 40 Seiten, 5 Abb., DM 8,40

HEFT 149
Dipl.-Ing. K. Konopicky und Dipl.-Chem. P. Kampa, Bonn
I. Beitrag zur flammenphotometrischen Bestimmung des Calciums
Dr.-Ing. K. Konopicky, Bonn
II. Die Wanderung von Schlackenbestandteilen in feuerfesten Baustoffen
1955, 54 Seiten, 10 Abb., 5 Tabellen, DM 11,—

HEFT 150
Prof. Dr.-Ing. O. Kienzle und Dipl.-Ing. W. Timmerbeil, Hannover
Das Durchziehen enger Kragen an ebenen Fein- und Mittelblechen
1955, 52 Seiten, 20 Abb., 8 Tabellen, DM 11,30

HEFT 151
Dipl.-Ing. P. Karabasch, Aachen
Feststellung des optimalen Gasgehaltes von Bronzen zur Erzielung druckdichter Gußstücke
1956, 64 Seiten, 31 Abb., 5 Tabellen, DM 13,90

HEFT 152
Dipl.-Ing. G. Müller, Köln
Ermittlung der Laufeigenschaften (Vergießbarkeit) von Bronze und Rotguß mittels der Schneider-Gießspirale
1955, 60 Seiten, 33 Abb., DM 13,30

HEFT 153
Prof. Dr. F. Wever, Dr.-Ing. W. A. Fischer und Dipl.-Ing. J. Engelbrecht, Düsseldorf
I. Die Reduktion sauerstoffhaltiger Eisenschmelzen im Hochvakuum mit Wasserstoff und Kohlenstoff
II. Einfluß geringer Sauerstoffgehalte auf das Gefüge und Alterungsverhalten von Reineisen
1955, 54 Seiten, 15 Abb., 2 Tabellen, DM 12,40

HEFT 154
Prof. Dr.-Ing. P. Bardenheuer und Dr.-Ing. W. A. Fischer, Düsseldorf
Die Verschlackung von Titan aus Stahlschmelzen im sauren und basischen Hochfrequenzofen unter verschiedenen Schlacken
1955, 36 Seiten, 10 Abb., 1 Tabelle, DM 7,95

HEFT 155
Dipl.-Phys. K. H. Schirmer, München
Die auf Grau abgestimmte Farbwiedergabe im Dreifarbenbuchdruck
1955, 46 Seiten, 17 Abb., 2 Farbtafeln, DM 10,—

HEFT 156
Prof. Dr.-Ing. B. von Borries und Mitarbeiter, Düsseldorf
Die Entwicklung regelbarer permanentmagnetischer Elektronenlinsen hoher Brechkraft und eines mit ihnen ausgerüsteten Elektronenmikroskopes neuer Bauart
1956, 102 Seiten, 52 Abb., DM 22,55

HEFT 157
Dr. W. Jawtusch, Dr. G. Schuster und Prof. Dr.-Ing. R. Jaeckel, Bonn
Untersuchungen über die Stoßvorgänge zwischen neutralen Atomen und Molekülen
1955, 48 Seiten, 15 Abb., 3 Tabellen, DM 10,50

HEFT 158
Dipl.-Ing. W. Rosenkranz, Meinerzhagen
Ein Beitrag zum Problem der Spannungskorrosion bei Preßprofilen und Preßteilen aus Aluminium-Legierungen
1956, 112 Seiten, 61 Abb., 5 Tabellen, DM 27,40

HEFT 159
Dr.-Ing. O. Viertel und O. Oldenroth, Krefeld
Das Bleichen von Weißwäsche mit Wasserstoffsuperoxyd bzw. Natriumhypochlorit beim maschinellen Waschen
1955, 54 Seiten, 23 Abb., 2 Tabellen, DM 11,45

HEFT 160
Prof. Dr. W. Klemm, Münster
Über neue Sauerstoff- und Fluor-haltige Komplexe
1955, 50 Seiten, 13 Abb., 7 Tabellen, DM 10,80

HEFT 161
Prof. Dr. W. Weltzien und Dr. G. Hauschild, Krefeld
Über Silikone und ihre Anwendung in der Textilveredlung
1955, 162 Seiten, 22 Abb., 10 Tabellen, DM 27,—

HEFT 162
Prof. Dr. F. Wever, Prof. Dr. A. Kochendörfer und Dr.-Ing. Chr. Rohrbach, Düsseldorf
Kennzeichnung der Sprödbruchneigung von Stählen durch Messung der Fließspannung, Reißspannung und Brucheinschnürung an dreiachsig beanspruchten Proben
1955, 58 Seiten, 26 Abb., DM 13,—

HEFT 163
Dipl.-Ing. W. Rohs und Text.-Ing. H. Griese, Bielefeld
Untersuchungsarbeiten zur Verbesserung des Leinenwebstuhls III
1955, 80 Seiten, 15 Abb., 18 Tabellen, DM 15,80

HEFT 164
Dr.-Ing. H. Schmachtenberg, Köln
Neuartige Prüfeinrichtungen für Kraftfahrzeuge
1955, 44 Seiten, 23 Abb., DM 9,60

HEFT 165
Dr.-Ing. W. Wilhelm, Aachen
Instationäre Gasströmung im Auspuffsystem eines Zweitaktmotors
1955, 62 Seiten, 31 Abb., 8 Tabellen, DM 13,60

HEFT 166
Prof. Dr. M. v. Stackelberg, Dr. H. Heindze, Dr. H. Hübschke und Dr. K. H. Frangen, Bonn
Kolloidchemische Untersuchungen
1955, 106 Seiten, 8 Abb., 13 Tabellen, DM 21,25

HEFT 167
Prof. Dr.-Ing. F. Schuster, Essen
I. Über die Heißkarburierung von Brenngasen mit Ölen und Teeren
II. Die Strahlungsvorgänge in brennstoffbeheizten Öfen bei verschiedenen Verbrennungsatmosphären
1955, 38 Seiten, 8 Abb., DM 8,30

HEFT 168
Prof. Dr.-Ing. F. Schuster, Essen
I. Luftvorwärmung an Gasfeuerungen
II. Heizwerthöhe von Brenngasen und Wirkungsgrad sowie Gasverbrauch bei der Gasverwendung
III. Sauerstoffangereicherte Luft und feuerungstechnische Kenngrößen von Brenngasen
1955, 60 Seiten, 18 Abb., DM 12,50

HEFT 169
Forschungsinstitut für Pigmente und Lacke, Stuttgart
Arbeiten über die Bestimmung des Gebrauchswertes von Lackfilmen durch physikalische Prüfungen
1955, 70 Seiten, 23 Abb., 4 Tabellen, DM 15,—

HEFT 170
Prof. Dr. F. Wever, Dr. A. Rose und Dipl.-Ing L. Rademacher, Düsseldorf
Anwendung der Umwandlungsschaubilder auf Fragen der Werkstoffauswahl beim Schweißen und Flammhärten
1955, 64 Seiten, 25 Abb., DM 13,70

WESTDEUTSCHER VERLAG · KÖLN UND OPLADEN

HEFT 171
Wäschereiforschung Krefeld
Untersuchung der Wäscheentwässerung mit Hilfe von Zentrifugen und Pressen
1955, 42 Seiten, 16 Abb., 4 Tabellen, DM 9,70

HEFT 172
Dipl.-Ing. W. Rohs, Dr.-Ing. G. Satlow und Text.-Ing. G. Heller, Bielefeld
Trocknung von Hanfgarnen. Kreuzspultrocknung
1955, 60 Seiten, 7 Abb., 4 Tabellen, DM 10,30

HEFT 173
Prof. Dr. R. Hosemann und Dipl.-Phys. G. Schoknecht, Berlin, vorgelegt von Prof. Dr. W. Kast, Krefeld
Lichtoptische Herstellung und Diskussion der Faltungsquadrate parakristalliner Gitter
1956, 108 Seiten, 63 Abb., 6 Tabellen, DM 24,70

HEFT 174
Prof. Dr. W. von Fragstein, Dr. J. Meingast und H. Hoch, Köln
Herstellung von Solen einheitlicher Teilchengröße und Ermittlung ihrer optischen Eigenschaften
1955, 78 Seiten, 80 Abb., 4 Tabellen, DM 18,25

HEFT 175
Dr.-Ing. H. Zeiler, Aachen
Beitrag zur eindimensionalen stationären und nichtstationären Gasströmung mit Reibung und Wärmeleitung, insbesondere in Rohren mit unstetigen Querschnittsänderungen.
1956, 138 Seiten, 56 Abb., DM 29,30

HEFT 176
Dipl.-Ing. H. Schöberl, Duisburg
Über die Methoden zur Ermittlung der Verbrennungstemperatur von Brennstoffen und ein Vorschlag zu ihrer Verbesserung
1955, 30 Seiten, 3 Abb., DM 6,50

HEFT 177
Dipl.-Ing. H. Stüdemann, Solingen, und Dr.-Ing. W. Müchler, Essen
Entwicklung eines Verfahrens zur zahlenmäßigen Bestimmung der Schneideigenschaften von Messerklingen
1956, 104 Seiten, 68 Abb., 4 Tabellen, DM 22,20

HEFT 178
Prof. Dr. M. von Stackelberg u. Dr. W. Hans, Bonn
Untersuchungen zur Ausarbeitung und Verbesserung von polarographischen Analysenmethoden
1955, 46 Seiten, 14 Abb., DM 10,50

HEFT 179
Dipl.-Ing. H. F. Reineke, Bochum
Entwicklungsarbeiten auf dem Gebiete der Meß- und Regeltechnik
1955, 46 Seiten, 10 Abb., DM 10,—

HEFT 180
Dr.-Ing. W. Piepenburg, Dipl.-Ing. B. Bühling und Bauing. J. Behnke, Köln
Putzarbeiten im Hochbau und Versuche mit aktiviertem Mörtel und mechanischem Mörtelauftrag
1955, 116 Seiten, 31 Abb., 68 Tabellen, DM 23,—

HEFT 181
Prof. Dr. W. Franz, Münster
Theorie der elektrischen Leitvorgänge in Halbleitern und isolierenden Festkörpern bei hohen elektrischen Feldern
1955, 28 Seiten, 2 Abb., 1 Tabelle, DM 6,20

HEFT 182
Dr.-Ing. P. Schenk u. Dr. K. Osterloh, Düsseldorf
Katalytisch-thermische Spaltung von gasförmigen und flüssigen Kohlenwasserstoffen zur Spitzengaserzeugung
1955, 50 Seiten, 11 Abb., 11 Tabellen, DM 10,90

HEFT 183
Dr. W. Bornheim, Köln
Entwicklungsarbeiten an Flaschen- und Ampullen-Behandlungsmaschinen für die pharmazeutische Industrie
1956, 48 Seiten, 24 Abb., DM 11,70

HEFT 184
Dr.-Ing. E. Printz, Kettwig
Vollhydraulische Parallel-Kupplung für Ackerschlepper
1955, 32 Seiten, 4 Abb., DM 7,80

HEFT 185
Dipl.-Ing. W. Rohs und Text.-Ing. G. Heller, Bielefeld
Studien an einem neuzeitlichen Kreuzspultrockner für Bastfasergarne mit Wiederbefeuchtungszone
1955, 52 Seiten, 9 Abb., 3 Tabellen, DM 10,70

HEFT 186
Dr. E. Wedekind, Krefeld
Untersuchungen zur Arbeitsbestgestaltung bei der Fertigstellung von Oberhemden in gewerblichen Wäschereien
1955, 124 Seiten, 28 Abb., 6 Tabellen, 2 Falttaf., DM 12,—

HEFT 187
Dipl.-Ing. F. Göttgens, Essen
Über die Eigenarten der Bimetall-, Thermo- und Flammenionisationssicherungsmethode in ihrer Anwendung auf Zündsicherungen
1955, 40 Seiten, 6 Abb., 4 Tabellen, DM 8,40

HEFT 188
W. Kinnebrock, Langenberg (Rhld.)
Der Einfluß des Austausches gleicher Gaskochbrenner bzw. Gaskochbrennerteile auf den Wirkungsgrad und insbesondere auf den CO-Gehalt der Verbrennungsgase
1955, 42 Seiten, 7 Tabellen, DM 8,70

HEFT 189
Fa. E. Leybold's Nachfolger, Köln
I. Ausgewählte Kapitel aus der Vakuumtechnik
II. Zum Verlust anorganisch-nichtflüchtiger Substanzen während der Gefriertrocknung
1955, 52 Seiten, 16 Abb., 3 Tabellen, DM 11,20

HEFT 190
Prof. Dr. A. Neuhaus, Prof. Dr. O. Schmitz-DuMont und Dipl.-Chem. H. Reckhard, Bonn
Zur Kenntnis der Alkalititanate
1955, 60 Seiten, 13 Abb., 1 Tabelle, DM 12,20

HEFT 191
Dr. H. Söhngen, Darmstadt
Schwingungsverhalten eines Schaufelkranzes im Vakuum
1955, 36 Seiten, 7 Abb., DM 7,80

HEFT 192
Dipl.-Phys. E. M. Schneider, München
Kohlebogenlampen für Aufnahme und Kopie
1955, 48 Seiten, 21 Abb., 3 Tabellen, DM 10,60

HEFT 193
Prof. Dr. O. Schmitz-DuMont, Bonn
Untersuchungen über neue Pigmentfarbstoffe
1956, 50 Seiten, 16 Abb., 8 Tabellen, DM 11,20

HEFT 194
Dr. K. Hecht, Köln
Entwicklung neuartiger physikalischer Unterrichtsgeräte
1955, 42 Seiten, 16 Abb., DM 9,90

HEFT 195
Dr.-Ing. E. Rößger, Köln
Gedanken über einen neuen deutschen Luftverkehr
1955, 342 Seiten, 29 Abb., 122 Tabellen, DM 50,—

HEFT 196
Dipl.-Ing. W. Rohs und Text.-Ing. H. Griese, Bielefeld
Auswirkungen von Garnfehlern bei der Verarbeitung von Leinengarnen
1955, 36 Seiten, 3 Abb., 6 Tabellen, DM 7,80

HEFT 197
Dr. E. Wedekind, Krefeld
Untersuchungen zur Bestimmung der optimalen Arbeitsplatzgröße bei Mehrstuhlarbeit in der Weberei
1955, 92 Seiten, 34 Abb., DM 18,50

HEFT 198
Prof. Dr. J. Weissinger, Karlsruhe
Zur Aerodynamik des Ringflügels. Die Druckverteilung dünner, fast drehsymmetrischer Flügel in Unterschallströmung
1955, 42 Seiten, 5 Abb., DM 9,—

HEFT 199
Textilforschungsanstalt Krefeld
Die Messung von Gewebetemperaturen mittels Temperaturstrahlung
1955, 50 Seiten, 12 Abb., DM 10,90

HEFT 200
R. Seipenbusch, Langenberg (Rhld.)
Spitzengas durch Zusatz von Flüssiggas-Wassergas- und Flüssiggas-Generatorgas-Gemischen zu Stadtgas
1955, 48 Seiten, 21 Tabellen, DM 10,35

HEFT 201
Dr.-Ing. E. W. Pleines, Frankfurt/Main
Die Sicherheit im Luftverkehr
1956, 194 Seiten, 39 Abb., 19 Tabellen, DM 39,50

HEFT 202
Dipl.-Ing. D. Fiecke, Stuttgart/Zuffenhausen
Die Bestimmung der Flugzeugpolaren für Entwurfszwecke. I Teil: Unterlagen
1956, 216 Seiten, 171 Diagr., DM 59,70

HEFT 203
Dr. G. Wandel, Bonn
Uferbewachung und Lebendverbauung an den Nordwestdeutschen Kanälen und ihren Zuflüssen sowie an der Ruhr
1956, 122 Seiten, 88 Abb., DM 25,70

HEFT 204
Dipl.-Ing. B. Naendorf, Langenberg (Rhld.)
Bestimmung der Brenneigenschaften und des Brennverhaltens verschiedener Gasarten und Einfluß verschiedener Düsengestaltung
1955, 32 Seiten, DM 7,10

HEFT 205
Dr. C. Schaarwächter, Düsseldorf
Über plastische Kupfer-Eisen-Phosphor-Legierungen
1936, 36 Seiten, 10 Abb., 10 Tabellen, DM 8,30

HEFT 206
Dr. P. Hölemann, Ing. R. Hasselmann und Ing. G. Dix, Dortmund
Untersuchungen über die Vorgänge bei der Zersetzung von in Azeton gelöstem Azetylen
1956, 74 Seiten, 7 Abb., 7 Tabellen, DM 15,55

HEFT 207
Prof. Dr.-Ing. H. Opitz, Dipl.-Ing. K. H. Fröhlich und Dipl.-Ing. H. Siebel, Aachen
Richtwerte für das Fräsen von unlegierten und legierten Baustählen mit Hartmetall. I. Teil
1956, 48 Seiten, 27 Abb., 3 Tabellen, DM 11,10

HEFT 208
Prof. Dr.-Ing. H. Müller, Essen
Untersuchung von Elektrowärmegeräten für Laienbedienung hinsichtlich Sicherheit und Gebrauchsfähigkeit. I. Untersuchungen an Kochplatten
1956, 100 Seiten, 76 Abb., 7 Tabellen, DM 22,70

HEFT 209
Dr. K. Bunge, Leverkusen
Materialabbau in Funkenentladungen. Untersuchungen an Zinkkathoden
1956, 54 Seiten, 10 Abb., 5 Tabellen, DM 11,40

HEFT 210
Dr. W. Porschen und Prof. Dr. W. Riezler, Bonn
Langlebige Alphaaktivitäten bei natürlichen Elementen
1955, 40 Seiten, 5 Abb., 4 Tabellen, DM 8,80

HEFT 211
Prof. Dipl.-Ing. W. Sturtzel und Dr.-Ing. W. Graff, Duisburg
Die Versuchsanstalt für Binnenschiffbau, Duisburg
1956, 48 Seiten, 22 Abb., 11,—

HEFT 212
Dipl.-Ing. H. Spodig, Selm
Untersuchung zur Anwendung der Dauermagnete in der Technik
1955, 44 Seiten, 25 Abb., DM 9,80

HEFT 213
Dipl.-Ing. K. F. Rittinghaus, Aachen
Zusammenstellung eines Meßwagens für Bau- und Raumakustik
1957, 96 Seiten 17 Abb., 7 Tabellen DM 19,80

HEFT 214
Dr.-Ing. J. Endres, München
Berechnung der optimalen Leistungen, Kraftstoffverbräuche und Wirkungsgrade von Einkreis-Turbolader-Strahltriebwerken am Boden und in der Höhe bei Fluggeschwindigkeiten von 0—2000 km/h
1956, 72 Seiten, 18 Abb., 8 Tabellen, DM 15,40

HEFT 215
Prof. Dr.-Ing. H. Opitz und Dr.-Ing. G. Weber, Aachen
Einfluß der Wärmebehandlung von Baustählen auf Spanentstehung, Schnittkraft- und Standzeitverhalten
1956, 80 Seiten, 30 Abb., 10 Tabellen, DM 18,40

HEFT 216
Dr. E. Kloth, Köln
Untersuchungen über die Ausbreitung kurzer Schallimpulse bei der Materialprüfung mit Ultraschall
1956, 90 Seiten, 60 Abb., 4 Tabellen, DM 19,40

HEFT 217
Rationalisierungskuratorium der Deutschen Wirtschaft (RKW), Frankfurt/Main
Typenvielzahl bei Haushaltgeräten und Möglichkeiten einer Beschränkung
1956, 328 Seiten, 2 Abb., 181 Tabellen, DM 49,50

HEFT 218
Dr. F. Keune, Aachen
Bericht über eine Theorie der Strömung um Rotationskörper ohne Anstellung bei Machzahl Eins
1955, 40 Seiten, 8 Abb., 5 Formelblätter, DM 8,80

HEFT 219
Prof. Dr. W. Fuchs, Aachen
Untersuchungen zur Holzabfallverwertung und zur Chemie des Lignins
1955, 54 Seiten, 11 Abb., 15 Tabellen DM 11,40

HEFT 220
Prof. Dr. W. Fuchs, Aachen
Die Entwicklung neuer Regel- und Kontroll-Apparate zur coulometrischen Analyse
1956, 76 Seiten, 17 Abb. 23 Tabellen, DM 15,50

HEFT 221
Dr. W. Meyer-Eppler, Bonn
Experimentelle Untersuchungen zum Mechanismus von Stimme und Gehör in der lautsprachlichen Kommunikation
1955, 56 Seiten, 24 Abb., DM 13,45

HEFT 222
Dr. L. Köllner, Münster, und Dipl.-Volkswirt M. Kaiser, Bochum
Die internationale Wettbewerbsfähigkeit der westdeutschen Wollindustrie
1956, 214 Seiten, DM 39,50

HEFT 223
Dr.-Ing. K. Alberti und Dr. F. Schwarz, Köln
Über das Problem Hartbrand-Weichbrand
1956, 54 Seiten, 25 Abb., 14 Tabellen, DM 12,10

HEFT 224
Dipl.-Ing. H. Stüdemann und Ing. R. Ben, Solingen
Verfahren zur Prüfung der Korrosionsbeständigkeit von Messerklingen aus rostfreiem Stahl
1956, 82 Seiten, 28 Abb., DM 16,90

HEFT 225
Dr.-Ing. E. Barz, Remscheid
Der Spannungszustand von Gattersägeblättern
1956, 74 Seiten, 54 Abb., DM 16,50

HEFT 226
Technisch-wissenschaftliches Büro für die Bastfaserindustrie, Bielefeld
Untersuchungen zur Verbesserung des Leinenwebstuhles IV
Die Wirkung verschiedener Kettbaumbremsen auf die Verwebung von Leinengarnen
1956, 64 Seiten, 9 Abb., 4 Tabellen, DM 13,50

HEFT 227
Prof. Dr. F. Wever, Düsseldorf und Dr. W. Wepner, Köln
Untersuchung der Alterungsneigung von weichen unlegierten Stählen durch Härteprüfung bei Temperaturen bis 300 Grad C
1956, 34 Seiten, 20 Abb., 3 Tabellen, DM 7,95

HEFT 228
Prof. Dr. F. Wever, Dr. W. Koch, Düsseldorf, und Dr. B. A. Steinkopf, Dortmund
Spektrochemische Grundlagen der Analyse von Gemischen aus Kohlenmonoxyd, Wasserstoff und Stickstoff
1956, 42 Seiten, 18 Abb., 1 Tabelle, DM 9,90

HEFT 229
Prof. Dr. F. Wever, Dr. W. Koch und Dr.-Ing. H. Malissa, Düsseldorf
Über die Anwendung disubstituierter Dithiocarbamate der analytischen Chemie
1956, 44 Seiten, 30 Abb., 5 Tabellen, DM 10,50

HEFT 230
Prof. Dr. F. Wever, Düsseldorf, und Dr. W. Wepner, Köln
Bestimmung kleiner Kohlenstoffgehalte im Alpha-Eisen durch Dämpfungsmessung
1956, 34 Seiten, 5 Abb., 2 Tabellen, DM 7,70

HEFT 231
Dr.-Ing. W. Küch, Dortmund
Über die Wechselwirkung zwischen Holzschutzbehandlung und Verleimung
1956, 48 Seiten, 10 Abb., 8 Tabellen, DM 10,40

HEFT 232
Prof. Dr.-Ing. O. Kienzle, Hannover, und Dr.-Ing. H. Münnich, Schweinfurt
Feststellung der Spannungen und Dehnungen und Bruchdrehzahlen der unter Fliehkraft und Bearbeitungskraft beanspruchten Schleifkörper
in Vorbereitung

HEFT 233
Dr. H. Haase, Hamburg
Infrarot-Bibliographie *1956, 90 Seiten, DM 17,80*

HEFT 234
Dr.-Ing. K. G. Speith und Dr.-Ing. A. Bungeroth, Duisburg
Versuche zur Steigerung des Kokillen-Schluckvermögens beim Stranggießen von Stahl
1956, 26 Seiten, 5 Abb., DM 6,15

HEFT 235
Prof. Dr.-Ing. K. Leist und Dipl.-Ing. W. Dettmering, Aachen
Turbinenschaufeln aus Kunststoff für Kaltluftversuchsanlagen
1956, 46 Seiten, 43 Abb., 3 Tabellen, DM 12,30

HEFT 236
Dr.-Ing. O. Viertel und S. Lucas, Krefeld
Ergebnisse einer Hausfrauenbefragung über Wascheinrichtungen und Waschmethoden in städtischen Haushaltungen
1956, 34 Seiten, 4 Abb., DM 7,60

HEFT 237
Dr. P. Endler und Dr. H. Ludes, Köln
Bericht über eine Studienreise zur Orientierung der heutigen Behandlung der Lungentuberkulose in den Vereinigten Staaten von Nordamerika
1956, 32 Seiten, DM 7,10

HEFT 238
Institut für textile Meßtechnik, M.-Gladbach, e. V.
Untersuchungen der Verzugsvorgänge an den Streckwerken verschiedener Spinnereimaschinen. 3. Bericht: Theoretische Betrachtungen über den Einfluß schlagender Zylinder und Druckrollen
1956, 66 Seiten, 21 Abb., DM 14,10

HEFT 239
Prof. Dr.-Ing. K. Leist, Dipl.-Ing. H. Scheele, Aachen, und Dipl.-Ing. F. H. Flottmann, Herne
Versuche an einem neuartigen luftgekühlten Hochleistungs-Kolbenkompressor
1956, 72 Seiten, 19 Abb., 7 Tabellen, DM 14,40

HEFT 240
Prof. Dr.-Ing. K. Leist und Dipl.-Ing. H. Scheele, Aachen
Temperaturmessungen an einem einstufigen luftgekühlten 4-Zylinder-Kolbenkompressor mit Kühlgebläse
1956, 74 Seiten, 36 Abb., DM 14,80

HEFT 241
Prof. Dr.-Ing. K. Leist und Dipl.-Ing. M. Pötke, Aachen
Leistungsversuche an einem Kühlluftgebläse
1956, 60 Seiten, 13 Abb., DM 11,70

HEFT 242
Prof. Dr.-Ing. K. Leist und Dipl.-Ing. K. Graf, Aachen
Straßenfahrzeuge mit Gasturbinenantrieb
1956, 82 Seiten, 63 Abb., DM 17,20

HEFT 243
Prof. Dr.-Ing. K. Leist und Dipl.-Ing. S. Förster, Aachen
Die französische Kleingasturbine Arcouste — 1. Teil
1956, 80 Seiten, 41 Abb., DM 15,85

HEFT 244
Prof. Dr. F. Wever, Dr. W. Koch und Dr. S. Eckhard, Düsseldorf
Erfahrungen mit der spektrochemischen Analyse von Gefügebestandteilen des Stahles
1956, 32 Seiten, 8 Abb., 2 Tabellen, DM 7,80

HEFT 245
Prof. Dr.-Ing. habil. K. Krekeler, Aachen
Das Verbinden von Metallen durch Kunstharzkleber. Teil I: Eigenschaften und Verwendung der Metallklebstoffe
1956, 48 Seiten, 8 Abb., DM 10,25

HEFT 246
Prof. Dr.-Ing. habil. K. Krekeler, Aachen
Das Verbinden von Metallen durch Kunstharzkleber. Teil II: Untersuchungen an geklebten Leichtmetall-Verbindungen
1956, 80 Seiten, 40 Abb., DM 17,50

HEFT 247
Dr. H. Söhngen, Darmstadt
Strömung vor einem Überschall-Laufrad
1956, 26 Seiten, 4 Abb., DM 7,60

HEFT 248
Rheinische Aktiengesellschaft für Braunkohlenbergbau und Brikettfabrikation, Köln
Untersuchung der Bindemitteleigenschaften von Braunkohlenfilteraschen
1956, 176 Seiten, 26 Abb., 30 Tabellen, DM 35,60

HEFT 249
Dr. M.-E. Meffert, Essen
Weitere Kulturversuche Scenedesmus obliquus
1956, 36 Seiten, 5 Abb., 10 Tabellen, DM 8,—

HEFT 250
Dr. F. Schwarz und Dr.-Ing. K. Alberti, Köln
Entwicklung von Untersuchungsverfahren zur Gütebeurteilung von Industriekalken
1956, 36 Seiten, 9 Abb., DM 16,50

HEFT 251
Prof. Dr. H. Bittel, Münster
Zur Statistik der ferromagnetischen Elementarvorgänge und ihren Einfluß auf das Barkhausenrauschen
1956, 52 Seiten, 14 Abb., DM 11,65

HEFT 252
Dipl.-Ing. H. Frings, Geilenkirchen
Die Wirkung abfallender Wetterführung auf Wettertemperatur, Grubengasgehalt und Staubbildung
1957, 126 Seiten, 23 Abb., 13 Falttafeln, 38 Tab., DM 35,70

HEFT 253
Dipl.-Ing. S. Schirmanski, Berghausen
Stand und Auswertung der Forschungsarbeiten über Temperatur- und Feuchtigkeitsgrenzen bei der bergmännischen Arbeit
1957, 80 Seiten, 24 Abb., 12 Tab., DM 17,10

HEFT 254
Prof. Dr. R. Danneel, Bonn
Quantitative Untersuchungen über die Entwicklung des Ehrlich-Ascitestumors bei Inzuchtmäusen
1956, 52 Seiten, 17 Tabellen, DM 11,75

HEFT 255
Ing. B. v. Schlippe, Bad Nauheim
Strömung von Flüssigkeiten mit temperaturabhängiger Zähigkeit (Kühlung von Öfen)
1956, 54 Seiten, 12 Abb., 4 Tabellen, DM 11,70

HEFT 256
Prof. Dr. C. Schmieden und Dipl.-Math. K. H. Müller, Darmstadt
Die Strömung einer Quellstrecke im Halbraum — eine strenge Lösung der Navier-Stokes-Gleichungen
1956, 40 Seiten, 9 Abb., DM 8,80

HEFT 257
Prof. Dr. G. Lehmann und Dr. J. Tamm, Dortmund
Die Beeinflussung vegetativer Funktionen des Menschen durch Geräusche
1956, 48 Seiten, 25 Abb., 3 Tabellen, DM 11,20

HEFT 258
Dr. H. Paul, Linz (Rhein), und Prof. Dr. O. Graf, Dortmund
Zur Frage der Unfälle im Bergbau
1956, 52 Seiten, 9 Abb., 22 Tabellen, DM 11,20

HEFT 259
Prof. D. W. Linke, Aachen
Strömungsvorgänge in künstlich belüfteten Räumen
1956, 52 Seiten, 37 Abb., 1 Tabelle, DM 11,80

HEFT 260
Prof. Dr. W. Kast, Freiburg (Br.), Prof. Dr. A. H. Stuart und Dipl.-Phys. H. G. Fendler, Hannover
Lichtzerstreuungsmessungen an Lösungen hochpolymerer Stoffe
1956, 70 Seiten, 25 Abb., 5 Tabellen, DM 15,60

HEFT 261
Prof. Dr. W. Kast, Freiburg (Br.)
Feinstruktur-Untersuchungen an künstlichen Zellulosefasern verschiedener Herstellungsverfahren. Teil II: Der Kristallisationszustand
1956, 80 Seiten, 27 Abb., 11 Tabellen, DM 17,20

HEFT 262
Dr.-Ing. W. Batel, Aachen
Untersuchungen zur Absiebung feuchter, feinkörniger Haufwerke auf Schwingsieben
1956, 100 Seiten, 45 Abb., 5 Tabellen, DM 23,40

HEFT 263
Prof. Dr. H. Lange und Dipl.-Phys. R. Kohlhaas, Köln
Über die Wärmeleitfähigkeit von Stählen bei hohen Temperaturen: Teil I: Literaturbericht
1956, 48 Seiten, 26 Abb., 8 Tabellen, DM 10,70

HEFT 264
Prof. Dr. W. Weizel, Bonn
Durch schnelle Funkenzusammenbrüche ausgelöste Signale auf einer Leitung
1956, 26 Seiten, 4 Abb., 3 Tabellen, DM 6,10

HEFT 265
Prof. Dr. F. Micheel und Dr. R. Engel, Münster
Eine Apparatur zur elektrophoretischen Trennung von Stoffgemischen
1956, 38 Seiten, 21 Abb., DM 9,20

HEFT 266
Fliesen-Beratungsstelle Bad Godesberg-Mehlem
Güteeigenschaften keramischer Wand- und Bodenfliesen und deren Prüfmethoden
1956, 32 Seiten, DM 7,10

HEFT 267
Prof. Dr. W. Weizel und B. Brandt, Bonn
Zur Stabilität stromstarker Glimmentladungen
1956, 36 Seiten, 7 Abb., DM 8,40

WESTDEUTSCHER VERLAG · KÖLN UND OPLADEN

HEFT 268
Prof. Dr.-Ing. G. Vogelpohl, Göttingen
Über die Tragfähigkeit von Gleitlagern und ihre Berechnung
1956, 76 Seiten, 24 Abb., 7 Tabellen, DM 16,85

HEFT 269
Markscheider R. Bals, Bochum
Eignung des Gebirgsankerausbaus zur Erleichterung des Streckenvortriebs im Steinkohlenbergbau
1956, 84 Seiten, 41 Abb., DM 18,75

HEFT 270
Dr. H. Krebs und Mitarbeiter, Bonn
Die Trennung von Racematen auf chromatographischem Wege
1956, 62 Seiten, 18 Tabellen, DM 12,95

HEFT 271
Prof. Dr.-Ing. H. Opitz und Dipl.-Ing. H. Axer, Aachen
Beeinflussung des Verschleißverhaltens bei spanenden Werkzeugen durch flüssige und gasförmige Kühlmittel und elektrische Maßnahmen
1956, 46 Seiten, 28 Abb., DM 10,70

HEFT 272
Prof. Dr. W. Fuchs und Dr. H. Dresia, Aachen
Untersuchungen über die Schnellverbrennung und Schnellvergasung fester Brennstoffe
1956, 56 Seiten, 14 Abb., 3 Tabellen, DM 11,90

HEFT 273
Fa. K. W. Tacke G.m.b.H., Wuppertal-Barmen
Erfahrungen beim Verspinnen von Perlonfasern und bei der Herstellung von Trikotagen aus gesponnenem Perlon
1956, 36 Seiten, DM 7,90

HEFT 274
Prof. Dr.-Ing. K. Krekeler, Aachen
Qualitative Untersuchungen bei Verbindungsschweißungen mittels Lichtbogenschweißautomaten unter Verwendung von Blankdraht und Zugabe von ferromagnetischem Pulver als Umhüllung
1956, 68 Seiten, 40 Abb., 8 Tabellen, DM 15,45

HEFT 275
Prof. Dr.-Ing. habil. K. Krekeler, Aachen, und Dipl.-Ing. H. Verhoeven, Aachen
Quantitative Untersuchungen von Punktschweißverbindungen an Tiefzieh- und Aluminiumblechen, die nach dem Argonarc-Punktschweißverfahren hergestellt werden
1956, 64 Seiten, 45 Abb., DM 14,60

HEFT 276
Fa. E. Haage, Mülheim (Ruhr)
Entwicklungsarbeiten im Apparatebau für Laboratorien
1956, 48 Seiten, 18 Abb., DM 10,50

HEFT 277
Dr.-Ing. W. Müchler, Essen
Untersuchung und zahlenmäßige Bestimmung der Schneideigenschaften von Messern mit besonderer Berücksichtigung rostfreier Messerstähle
1956, 60 Seiten, 27 Abb., 5 Tabellen, DM 13,20

HEFT 278
Dipl.-Ing. J. Stelter und Dipl.-Ing. H. Kickert, Aachen
I. Sichtbarmachung von Ultraschallfeldern unter Verwendung photographischer Emulsionsschichten
II. Methode zur Bestimmung der wirklichen Temperaturverhältnisse in Flüssigkeiten während der Beschallung (Nach einer Diplom-Arbeit von H. Schnitzler)
1956, 54 Seiten, 24 Abb., DM 12,75

HEFT 279
Dr. F. Keune, Aachen
Der gewölbte und verwundene Tragflügel ohne Dicke in Schallnähe
1956, 42 Seiten, 15 Abb., DM 9,25

HEFT 280
Dipl.-Ing. J. Stelter und Dipl.-Ing. E. Pfende, Aachen
Über Störerscheinungen bei Schallgeschwindigkeitsmessungen mittels der Interferometermethode
1956, 42 Seiten, 13 Abb., DM 9,60

HEFT 281
Prof. Dr.-Ing. K. Lürenbaum, Aachen
Der Meßwagen des Instituts für Maschinen-Dynamik der Deutschen Versuchsanstalt für Luftfahrt, Aachen
1956, 34 Seiten, 17 Abb., DM 8,60

HEFT 282
Bergrat a. D. Scherer, Bochum
Das B. T.-Schwelverfahren und seine Anwendung auf der Anlage Marienau
1956, 44 Seiten, 7 Abb., DM 9,60

HEFT 283
Prof. Dr. F. Wever und Dr.-Ing. W. Lueg, Düsseldorf
Warmstauchversuche zur Ermittlung der Formänderungsfestigkeit von Gesenkschmiede-Stählen
1956, 44 Seiten, 19 Abb., DM 9,90

Heft 284
Prof. Dr. F. Wever, Düsseldorf, Dr.-Ing. H. J. Wiester, Essen, Dr.-Ing. F. W. Straßburg, Duisburg, Prof. Dr.-Ing. H. Opitz, Aachen, und Dr.-Ing. K. H. Fröhlich, Köln
Einfluß des Gefüges auf die Zerspanbarkeit von Einsatz- und Vergütungsstählen
1957, 88 Seiten, 126 Abb., 11 Tab., DM 22,45

HEFT 285
Prof. Dr.-Ing. O. Kienzle, Dr.-Ing. K. Lange, Hannover, und Dipl.-Ing. H. Meinert, Osterode
Einfluß der Oberfläche auf das Verschleißverhalten von Schmiedegesenken
1956, 62 Seiten, 29 Abb., 8 Tabellen, DM 14,60

HEFT 286
Dr.-Ing. K. Lange, Hannover, Dipl.-Ing. H. Meinert, Osterode, unter Mitarbeit von Dr.-Ing. H. Arend, Mülheim (Ruhr)
Verschleißverhalten hartverchromter Schmiedegesenke
1956, 74 Seiten, 53 Abb., 6 Tabellen, DM 17,65

HEFT 287
Prof. Dr.-Ing. habil. K. Krekeler, Aachen
Änderungen der mechanischen Eigenschaftswerte thermoplastischer Kunststoffe bei Beanspruchung in verschiedenen Medien
1956, 62 Seiten, 23 Abb., 5 Tabellen, DM 13,70

HEFT 288
Dr. K. Brücker-Steinkuhl, Düsseldorf
Anwendung mathematisch-statischer Verfahren in der Industrie
1956, 103 Seiten, 27 Abb., 14 Tabellen, DM 24,20

HEFT 289
Prof. Dr.-Ing. H. Winterhager, Aachen
Kombinierter Widerstands- und Lichtbogen-Vakuumofen zur Verarbeitung von Titanschwamm
Prof. Dr. Dr. h. c. R. Schwarz, Aachen
Erforschung neuer Wege zur Darstellung von Titanmetall
1957, 42 Seiten, 18 Abb., DM 9,70

HEFT 290
Dr. D. Horstmann, Düsseldorf
I. Der verstärkte Angriff des Zinks auf Eisen im Temperaturgebiet um 500° C
II. Einfluß eines Antimongehaltes auf den Angriff von Zinkschmelzen auf Eisen
1956, 48 Seiten, 33 Abb., 3 Tabellen, DM 11,90

HEFT 291
Dr.-Ing. H. J. Wiester und Dr. D. Horstmann, Düsseldorf
Der Angriff eisengesättigter Zinkschmelzen auf silizium- und manganhaltiges Eisen
1956, 52 Seiten, 45 Abb., 8 Tabellen, DM 12,60

HEFT 292
Dipl.-Ing. W. Rohs und Text.-Ing. H. Griese, Bielefeld
Webversuche an Leinenwebstühlen mit verbesserter Schaftbewegung
1956, 34 Seiten, 3 Abb., 2 Tabellen, DM 7,60

HEFT 293
Prof. J. W. Korte, unter Mitarbeit von Dipl.-Ing. P. A. Mäcke und Dipl.-Ing. W. Leutzbach, Aachen
Die Leistungsfähigkeit von Verkehrsanlagen des motorisierten städtischen Straßenverkehrs
1956, 98 Seiten, 35 Abb., 5 Tabellen, 1 Falttafel, DM 22,50

HEFT 294
Dipl.-Ing. B. Naendorf, Essen
Untersuchungen industrieller Gasbrenner
1956, 58 Seiten, 6 Abb., 3 Tabellen, DM 12,40

HEFT 295
Prof. Dr.-Ing. H. Opitz und Dipl.-Ing. H. Axer, Aachen
Untersuchung und Weiterentwicklung neuartiger elektrischer Bearbeitungsverfahren
1956, 42 Seiten, 27 Abb., DM 10,30

HEFT 296
Prof. Dr.-Ing. H. Opitz, Aachen
I. Untersuchungen an elektronischen Regelantrieben
II. Statische Untersuchungen zur Ausnutzung von Drehbänken
1956, 46 Seiten, 18 Abb., DM 10,40

HEFT 297
Dr. K. Schaarwächter, Düsseldorf
Die Reduktion von Siliziumtetrachlorid im Lichtbogen zur nachfolgenden Silizierung von Eisenblechen
in Vorbereitung

HEFT 298
Prof. Dr.-Ing. E. Oehler, Aachen
Untersuchung von kritischen Drehzahlen, die durch Kreiselmomente verursacht werden
1956, 50 Seiten, 35 Abb., DM 13,15

HEFT 299
Dr. J. Fassbender und W. Hoppe, Bonn
Eine photoelektrische Nachlaufeinrichtung für Analogie-Rechenmaschinen
1956, 20 Seiten, 8 Abb., DM 7,65

HEFT 300
Prof. Dr. E. Schütz und Privatdozent Dr. H. Caspers, Münster
Tierexperimentelle Untersuchungen über die Alkoholwirkungen auf Erregbarkeit und bioelektrische Spontanaktivität der Hirnrinde
1956, 44 Seiten, 6 Abb., 1 Tabelle, DM 9,55

HEFT 301
Prof. Dr. W. Weltzien, Dr. G. Cossmann und P. Diehl, Krefeld
Über die fraktionierte Füllung von Polyamiden (II)
1956, 54 Seiten, 1 Abb., 16 Tabellen, DM 11,30

HEFT 302
Prof. Dr.-Ing. W. Wegener und Dipl.-Ing. W. Zahn, Aachen
Untersuchungen von gesponnenen Garnen auf ihre Gleichmäßigkeit nach verschiedenen Meßmethoden
1957, 58 Seiten, 34 Abb., DM 15,20

HEFT 303
Prof. Dr. Ing. S. Kiesskalt, Aachen
Das Institut für Forschungsgesellschaft Verfahrenstechnik e. V. an der Technischen Hochschule Aachen
1956, 76 Seiten, 20 Abb., 3 Tabellen, DM 16,40

HEFT 304
Prof. Dr.-Ing. K. Krekeler, Düsseldorf, und Dipl.-Ing. A. Kleine-Albers, Aachen
Beitrag zur thermoelastischen Warmformbarkeit von Hart-PVC
1957, 72 Seiten, 29 Abb., DM 17,70

HEFT 305
Prof. Dr.-Ing. K. Krekeler, Düsseldorf, Dr.-Ing. H. Peukert, Aachen, und Dipl.-Ing. W. Schmitz, Siegburg
Heißgas-Schweißung von Hart-Polyvinylchlorid mit Zusatzwerkstoff
1956, 44 Seiten, 27 Abb., 5 Tabellen, DM 12,50

HEFT 306
Prof. Dr. B. Rensch, Münster
Elektrophysiologische Untersuchungen zur Analysierung der Bildung von Assoziationen und Gedächtnisspuren in Gehirn und Rückenmark
Prof. Dr. A. Loeser, Münster
Akute und chronische Giftwirkungen sauerstoffhaltiger Lösungsmittel
1956, 36 Seiten, 9 Abb., DM 8,90

HEFT 307
Privatdozent Dr. J. Juilfs, Krefeld
Vergleichende Untersuchungen zur elastischen und bleibenden Dehnung von Fasern
1956, 36 Seiten, 11 Abb., DM 8,30

HEFT 308
Privatdozent Dr. J. Juilfs, Krefeld
Zur Messung der Fadenglätte
1956, 22 Seiten, 10 Abb., 2 Tabellen, DM 8,—

HEFT 309
Prof. Dr. K. Cruse und Mitarbeiter, Clausthal-Zellerfeld
Aufbau und Arbeitsweise eines universell verwendbaren Hochfrequenz-Titrationsgerätes
1957, 48 Seiten, 29 Abb., DM 11,90

HEFT 310
Dr. P. F. Müller, Bonn
Die Integrieranlage des Rheinisch-Westfälischen Instituts für Instrumentelle Mathematik in Bonn
1956, 62 Seiten, 6 Abb., 30 Satzskizzen, DM 14,45

HEFT 311
Prof. Dr. F. Wever und Dr. M. Hempel, Düsseldorf
Dauerschwingfestigkeit von Stählen bei erhöhten Temperaturen
Teil I: Erkenntnisse aus bisherigen Dauerschwingversuchen in der Wärme
1956, 48 Seiten, 19 Abb., 2 Tabellen, DM 10,90

HEFT 312
Prof. Dr. F. Wever und Dr. M. Hempel, Düsseldorf
Dauerschwingfestigkeit von Stählen bei erhöhten Temperaturen
Teil II: Zug-Druck-Dauerschwingversuche an zwei warmfesten Stählen bei Temperaturen von 500 bis 650°
1956, 48 Seiten, 20 Abb., 3 Tabellen, DM 13,—

WESTDEUTSCHER VERLAG · KÖLN UND OPLADEN

HEFT 313
Prof. Dr. F. Wever, Dr. W. Koch und
Dipl.-Phys. H. Rohde, Düsseldorf
Änderungen des Habitus und der Gitterkonstanten des Zementits in Chromstählen bei verschiedenen Wärmebehandlungen
1956, 88 Seiten, 29 Abb., 8 Tabellen, DM 20,90

HEFT 314
Prof. Dr. F. Wever, Dr.-Ing. A. Krisch, Düsseldorf, und Dr.-Ing. H.-J. Wiester, Essen
Veränderungen im Gefügeaufbau von Chrom-Nickel-Molybdän-Stählen bei langzeitiger Beanspruchung im Zeitstandversuch bei 500°
1956, 48 Seiten, 26 Abb., 5 Tabellen, DM 11,70

HEFT 315
Prof. Dr. F. Wever und Dr.-Ing. A. Krisch, Düsseldorf
Metallkundliche Untersuchungen an Zeitstandproben
1956, 38 Seiten, 12 Abb., DM 9,15

HEFT 316
Dr. F. Keune, Aachen
Zusammenfassende Darstellung und Erweiterung des Aequivalenzsatzes für schallnahe Strömung
1956, 80 Seiten, 22 Abb., DM 17,90

HEFT 317
Dr.-Ing. J. Stelter, Aachen
Mikrobiologische Ultraschallwirkungen
1957, 106 Seiten, 41 Abb., 12 Tab., DM 23,90

HEFT 318
Dipl.-Ing. H. Kickert, Aachen
Über die Ausbreitung von Ultraschall in Luft
1957, 78 Seiten, 51 Abb., 7 Tab., DM 19,20

HEFT 319
Prof. Dr. C. Kröger, Aachen
Gemengereaktionen und Glasschmelze
1957, 118 Seiten, 53 Abb., 16 Tab., DM 26,—

HEFT 320
Dr. H.-E. Caspary, Köln
Verwendung von Szintillationszählern an Stelle von Zählrohren zur zerstörungsfreien Materialprüfung
1956, 42 Seiten, 13 Abb., 2 Tabellen, DM 10,10

HEFT 321
Prof. Dr. F. Wever, Düsseldorf, und Dr. W. Wepner, Köln
Gleichzeitige Bestimmung kleiner Kohlenstoff- und Stickstoffgehalte im α-Eisen durch Dämpfungsmessung
1956, 30 Seiten, 3 Abb., 4 Tabellen, DM 6,80

HEFT 322
Prof. Dr.-Ing. F. Bollenrath und Dipl.-Ing. W. Domke, Aachen
Eigenspannungen in vergüteten, dickwandigen Stahlzylindern nach Oberflächenhärtung mit induktiver Erwärmung
1956, 30 Seiten, 9 Abb., 2 Tabellen, DM 6,90

HEFT 323
Prof. Dr. R. Seyffert, Köln
Wege und Kosten der Distribution der Textilien, Schuh- und Lederwaren
1956, 98 Seiten, 37 Tabellen, 1 Falttaf., DM 12,—

HEFT 324
Prof. Dr.-Ing. H. Opitz, Dr.-Ing. E. Saljé und Dipl.-Ing. K. E. Schwartz, Aachen
Richtwerte für das Außenrund-Längs- und Einstechschleifen
1956, 62 Seiten, 44 Abb., 2 Tabellen, DM 13,85

HEFT 325
Prof. Dr. E. Schratz, Münster
Pharmakognostische Untersuchungen am Medizinal-Rhabarber
1957, 62 Seiten, 29 Abb., 3 Tabellen, DM 17,90

HEFT 326
Prof. Dr.-Ing. E. Essers und Mitarbeiter, Aachen
Deichselkräfte an Lastzügen
in Vorbereitung

HEFT 327
Prof. Dr.-Ing. habil. K. Krekeler und Dr.-Ing. H. Peukert, Aachen
Beitrag zur thermoelastischen Formbarkeit von Polyäthylen
1956, 56 Seiten, 49 Abb., 9 Tabellen, DM 12,80

HEFT 328
Dr. H. Maeder, Belo Horizonte
Schweißen von Temperguß
in Vorbereitung

HEFT 329
Dipl.-Ing. A. Krüger, Karlsruhe, und Feuerwehr-Ing. R. Radusch, Dortmund
Wasserzerstäubung im Strahlrohr
1956, 86 Seiten, 21 Abb., 3 Tabellen, DM 18,65

HEFT 330
Dipl.-Physiker E. Pepping, Aachen
Die Durchflußzahl des Rechteckschlitzes in einer sehr großen Wand
1957, 54 Seiten, 21 Abb., DM 12,35

HEFT 331
Dipl.-Ing. G. Bretschneider, Ruit
Die Messung der wiederkehrenden Spannung mit Hilfe des Netzmodelles
1957, 46 Seiten, 21 Abb., 2 Tab., DM 11,20

HEFT 332
Prof. Dr.-Ing. R. Jaeckel und Dr. G. Reich, Bonn
Messung von Dampfdrucken im Gebiet unter 10^{-2} Torr
1956, 42 Seiten, 16 Abb., 2 Tabellen, DM 10,40

HEFT 333
Prof. Dipl.-Ing. W. Sturtzel und Dr.-Ing. W. Graff, Duisburg
I. Der Flachwassereinfluß auf den Form- und Reibungswiderstand von Binnenschiffen
II. Der Flachwassereinfluß auf die Nachstrom- und Sogverhältnisse bei Binnenschiffen
1956, 44 Seiten, 14 Abb., DM 9,80

HEFT 334
Prof. Dr. W. Weizel und Dr. G. Meister, Bonn
Spektralanalyse durch Messung des Interferenz-Kontrastes
1956, 42 Seiten, DM 9,80

HEFT 335
Prof. Dr. W. Weizel und H. Hornberg, Bonn
Untersuchungen der anodischen Teile einer Glimmentladung
1957, 62 Seiten, 14 Farbabb., 21 Abb., 1 Tab., DM 32,80

HEFT 336
Dr. Tung-ping Yao, Aachen
Die Viskosität metallischer Schmelzen
1957, 64 Seiten, 28 Abb., 2 Tab., DM 14,40

HEFT 337
Dr. R. Hoeppener und Dr. W. Bierther, Bonn
Tektonik und Lagestätten im Rheinischen Schiefergebirge
1957, 66 Seiten, 14 Abb., DM 16,25

HEFT 338
Prof. Dr.-Ing. W. Wegener, Aachen, und Dipl.-Ing. J. Schneider, M.-Gladbach
Die Bedeutung der Knotenart für die Herabminderung der Fadenbrüche
1957, 40 Seiten, 6 Abb., DM 11,90

HEFT 339
Prof. Dr.-Ing. W. Wegener und Dipl.-Ing. W. Zahn, Aachen
Vergleich des normalen mit verschiedenen abgekürzten Baumwollspinnverfahren in bezug auf Gleichmäßigkeit und Sortierungsstreuung der Garne
1956, 56 Seiten, 17 Abb., 17 Tabellen, DM 12,70

HEFT 340
Dipl.-Ing. W. Rohs und Dipl.-Ing. R. Otto, Bielefeld
Das Naßspinnen von Bastfasergarnen mit Spinnbadzusätzen unter Ausnutzung einer zentralen Spinnwasserversorgungsanlage
1956, 56 Seiten, 2 Abb., 6 Tabellen, DM 11,60

HEFT 341
Prof. Dr.-Ing. H. Winterhager und Dipl.-Ing. L. Werner, Aachen
Präzisions-Meßverfahren zur Bestimmung des elektrischen Leitvermögens geschmolzener Salze
1956, 44 Seiten, 19 Abb., 1 Tabelle, DM 10,60

HEFT 342
Prof. Dr.-Ing. H. Winterhager und Dipl.-Ing. W. Barthel, Aachen
Die Gewinnung von Titanschlackenkonzentraten aus eisenreichen Ilmeniten
1957, 60 Seiten, 30 Abb., 6 Tab., DM 13,30

HEFT 343
Prof. Dr.-Ing. W. Petersen, Aachen, und Dipl.-Ing. S. Wawroschek, Aachen
Die zweckmäßigsten Gütebestimmungsverfahren und Brikettierungsbedingungen bei der Erzeugung von Braunkohlen-Eisenerz-Briketts
1956, 64 Seiten, 28 Abb., DM 13,95

HEFT 344
Prof. Dr.-Ing. W. Fucks, Aachen
Zur Deutung einfachster mathematischer Sprachcharakteristiken
1956, 38 Seiten, 12 Abb., DM 7,80

HEFT 345
Dipl.-Ing. G. Cerbe und Dipl.-Ing. H. Monstadt, Essen
Konvektive Trocknung mit gasbeheizter Luft und Trocknung durch Gasstrahler
1957, 46 Seiten, 16 Abb., DM 10,40

HEFT 346
Dipl.-Ing. O. Arnold, Aachen
Erfahrungen mit Kernbohrungen zur Lagerstättenuntersuchung im Erzbergbau
1957, 36 Seiten, 2 Abb., 3 Falttaf. 6 Tab., DM 8,80

HEFT 347
S. Ruff, F. Kipp, H. Hansteen und G. Müller, Bonn
Untersuchungen zur Frage der Gehörschädigungen des fliegenden Personals der Propellerflugzeuge
1957, 50 Seiten, 27 Abb., 3 Tab., DM 11,10

HEFT 348
Prof. Dr.-Ing. E. Piwowarsky und Dr.-Ing. E. G. Nickel, Aachen
Metallurgie eines hochwertigen Gußeisens mit kompakter bis kugelförmiger Graphitausbildung
1957, 54 Seiten, 27 Abb., 5 Tab., DM 13,30

HEFT 349
Dr.-Ing. W. A. Fischer, Dr.-Ing. H. Treppschuh und Dr.-Ing. K. H. Köthemann, Düsseldorf
Tiegel aus Schmelzmagnesia für Vakuuminduktionsöfen
1957, 34 Seiten, 14 Abb. DM 8,40

HEFT 350
Prof. Dr.-Ing. habil. K. Krekeler und Dr.-Ing. H. Peukert, Aachen
Das Spannungsverhalten der Kunststoffe bei der Verarbeitung
in Vorbereitung

HEFT 351
Prof. Dr.-Ing. H. Opitz, Dipl.-Ing. H. Axer und Dipl.-Ing. H. Rhode, Aachen
Zerspanbarkeit hochwarmfester und nichtrostender Stähle. Teil I
1957, 96 Seiten, 73 Abb., 2 Tab., DM 21,80

HEFT 352
Dipl.-Ing. H. Fauser, Aachen
Fahrdynamik und Batterie-Arbeitsverbrauch von Akkumulatorenlokomotiven im Untertagebetrieb
in Vorbereitung

HEFT 353
Forschungsinstitut für Rationalisierung, Aachen
Schlagwortregister zur Rationalisierung
1957, 376 S., DM

HEFT 354
Dipl.-Ing. D. Wagener, Aachen
Auswirkungen neuer Gaserzeugungs-Verfahren unter Berücksichtigung der Auswirkung auf den Kokereibetrieb
in Vorbereitung

HEFT 355
Prof. Dr.-Ing. habil. K. Krekeler, Dr.-Ing. H. Peukert und Dipl.-Ing. A. Kleine-Albers, Aachen
Heißgas-Schweißungen von Weich-Polyvinylchlorid mit Zusatzwerkstoff
in Vorbereitung

HEFT 356
Dipl.-Phys. G. Gurke, Aachen
Aufbau einer Meßanlage für Untersuchungen elektrischer Gasentladung im Bereiche großer p. d.-Werte
1956, 38 Seiten, 13 Abb., DM 8,65

HEFT 357
Prof. Dr.-Ing. W. Fucks, Aachen
Mathematische Analyse der Formalstruktur von Musik
in Vorbereitung

HEFT 358
Prof. Dr. rer. nat. W. Weltzien, Dipl.-Chem. P. Ringel und Text.-Ing. H. Kirchhoff, Krefeld
Die Waschechtheit von Färbungen. Vergleichende Untersuchungen auf dem Gebiete der Echtheitsprüfung
in Vorbereitung

HEFT 359
Dr.-Ing. F. J. Meister, Düsseldorf
Veränderung der Hörschärfe, Lautheitsempfindung und Sprachaufnahme während des Arbeitsprozesses bei Lärmarbeitern
1957, 84 Seiten, 11 Abb., 1 Tab., 40 Audiogramme, 40 Tab., DM 19,90

HEFT 360
Dr.-Ing. E. Barz, Remscheid
Fertigungsverfahren und Spannungsverlauf bei Kreissägeblättern für Holz
1957, 72 Seiten, 40 Abb., DM 17,—

HEFT 361
Dipl.-Ing. H. F. Klein, Aachen
Die nichtstationären Strömungsvorgänge und der Wärmeübergang in einem Schwingfeuergerät
1957, 84 Seiten, 34 Abb., 4 Falttafeln, DM 25,90

HEFT 362
Prof. Dr. med. G. Lehmann und Dipl.-Phys. D. Dieckmann, Dortmund
Die Wirkung mechanischer Schwingungen (0,5 bis 100 Hertz) auf den Menschen
1957, 100 Seiten, 53 Abb., 6 Tab., DM 22,50

WESTDEUTSCHER VERLAG · KÖLN UND OPLADEN

HEFT 363
Dr.-Ing. U. Domm, Frankenthal (Pfalz)
Über eine Hypothese, die den Mechanismus der Turbulenz-Entstehung betrifft
1956, 28 Seiten, 4 Abb., DM 6,45

HEFT 364
Prof. Dr. Th. Beste, Köln
Die Mehrkosten bei der Herstellung ungängiger Erzeugnisse im Vergleich zur Herstellung vereinheitlichter Erzeugnisse
1957, 352 Seiten, DM 50,—

HEFT 365
Sozialforschungsstelle an der Universität Münster, Dortmund
Standort und Wohnort
*1957, Textband: 350 Seiten, 28 Karten, 73 Tab.
Anlageband: 15 Karten, 21 Tab., DM 99,—*

HEFT 366
Versuchsanstalt für Binnenschiffbau e. V., Duisburg
Bei Flachwasserfahrten durch die Strömungsverteilung am Boden und an den Seiten stattfindende Beeinflussung des Reibungswiderstandes von Schiffen
1957, 96 Seiten, 39 Abb., 28 Tab., DM 20,40

HEFT 367
Dr. rer. nat. D. Horstmann, Düsseldorf
Der Angriff eisengesättigter Zinkschmelzen auf kohlenstoff-, schwefel- und phosphorhaltiges Eisen
1957, 52 Seiten, 22 Abb., 6 Tab., DM 12,85

HEFT 368
Prof. Dr. phil. H. Kaiser, Dortmund
Entwicklung betriebsmäßiger spektrochemischer Analysenverfahren für technische Gläser
1957, 40 Seiten, 11 Abb., DM 9,10

HEFT 369
Prof. Dr.-Ing. R. Jaeckel und Dipl.-Phys. F. J. Schittko, Bonn
Gasabgabe von Werkstoffen ins Vakuum
1957, 48 Seiten, 20 Abb., 6 Tab., DM 13,30

HEFT 370
Dr. phil. habil. F. Schwarz, Köln
Physikochemische Grundlagen der Bildsamkeit von Kalken unter Einbeziehung des Begriffes der aktiven Oberfläche
in Vorbereitung

HEFT 371
Dr. phil. W. Lejeune, Köln
Beitrag zur statistischen Verifikation der Minderheiten-Theorie
in Vorbereitung

HEFT 372
Prof. Dr. phil. M. von Stackelberg, Bonn
Untersuchungen zur Ausarbeitung und Verbesserung von polarographischen Analysenmethoden. 2. Bericht
1957, 44 Seiten, 9 Abb., 7 Tab., DM 10,10

HEFT 373
Dipl.-Ing. H. J. Koch, Essen
Druckgasfeuerung — ein Verfahren zum Betrieb von Gasfeuerstätten
1957, 38 Seiten, 8 Abb., 10 Tab., DM 8,50

HEFT 374
Dr. E. Paproth, Krefeld
Paläontologische Bearbeitung der in den devonischen Schichten des Siegerlandes enthaltenen Faunen
1957, 38 Seiten, 3 Tab., DM 8,30

HEFT 375
Technischer Überwachungsverein e. V., Essen
Wanddickenmessungen mittels radioaktiver Strahlen und Zählrohrgerät
in Vorbereitung

HEFT 376
Technischer Überwachungsverein e. V., Essen
Wasserumlaufprobleme an Hochdruckkesseln
in Vorbereitung

HEFT 377
Technischer Überwachungsverein e. V., Essen
Versuche an Wanderrostkesseln mit befeuchteter Verbrennungsluft
in Vorbereitung

HEFT 378
Oberingenieur H. Stein, M.-Gladbach
Beobachtung und maßtechnische Erfassung der Vorgänge im Spinn- und Aufwindefeld von Ringspinn- und Ringzwirnmaschinen
in Vorbereitung

HEFT 379
Laboratorium für textile Meßtechnik, M.-Gladbach
Schußfadenspannung beim Weben
in Vorbereitung

HEFT 380
Dipl.-Phys. R. Trappenberg, Karlsruhe
Theoretische und experimentelle Untersuchungen zur Staubverteilung einer Rauchfahne
in Vorbereitung

HEFT 381
Dr. J. Juilfs, Krefeld
Zur Dichtebestimmung von Fasern. Methoden und Beispiele der praktischen Anwendung
in Vorbereitung

HEFT 382
Dr. phil. habil. P. Hölemann, Ing. R. Hasselmann und Ing. G. Dix, Dortmund
Die Messung von Flammen und Detonationsgeschwindigkeiten bei der explosiven Zersetzung von Acetylen in Rohren
1957, 36 Seiten, 7 Abb., 4 Tab., DM 8,10

HEFT 383
Dr. phil. habil. P. Hölemann und Ing. R. Hasselmann, Dortmund
Verlauf von Azetylenexplosionen in Rohren bei Gegenwart von porösen Massen
in Vorbereitung

HEFT 384
Prof. Dr.-Ing. H. Opitz, Aachen
Schwingungsuntersuchungen an Werkzeugmaschinen
in Vorbereitung

HEFT 385
Prof. Dr.-Ing. H. Opitz, Aachen
Zerspanbarkeit hochwarmfester und nichtrostender Stähle. Teil II
in Vorbereitung

HEFT 386
Prof. Dr.-Ing. H. Opitz, Aachen
Standzeituntersuchungen und Verschleißmessungen mit radioaktiven Isotopen
in Vorbereitung

HEFT 387
Prof. Dr. med. W. Kikuth und Dozent Dr. med. L. Grün, Düsseldorf
Die Verhütung von Infektion durch Desinfektion des Raumes und der Raumluft
in Vorbereitung

HEFT 388
Prof. Dr. rer. nat. habil. W. Baumeister und
Dr. rer. nat. H. Burghardt, Münster
Die Bedeutung der Elemente Zink und Fluor für das Pflanzenwachstum
1957, 48 Seiten, 17 Tab. DM 10,20

HEFT 389
Prof. Dr.-Ing. habil. H. Fink und K. W. Hoppenhaus, Köln
Die biologische Eiweiß-Synthese von höheren und niederen Pilzen und die alimentäre Lebernekrose der Ratte
1957, 76 Seiten, 2 Abb., 24 Tab., DM 15,60

HEFT 390
Dr.-Ing. J. Endres und Dr.-Ing. G. Hiebel, München
Berechnung der optimalen Leistungen, Kraftstoffverbräuche und Wirkungsgrade von Luftfahrt-Gasturbinen-Triebwerken am Boden und in der Höhe bei Fluggeschwindigkeiten von 0—2000 km/h und bei vorgegebenen Düsenausströmgeschwindigkeiten
in Vorbereitung

HEFT 391
Prof. Dr. phil. F. Wever, Dr. phil. W. Koch und Dipl.-Chem. F. Stricker, Düsseldorf
Die quantitative spektrographische Analyse von Gasgemischen aus Kohlenmonoxyd, Wasserstoff und Stickstoff
in Vorbereitung

HEFT 392
Prof. Dr. phil. F. Wever u. a., Düsseldorf
Untersuchungen über den Konverterrauch in Hinblick auf die spektrale Überwachung des Thomasprozesses
in Vorbereitung

HEFT 393
Dr.-Ing. O. Viertel und S. Brückner-Lucas, Krefeld
Arbeitszeitstudien an Haushaltwaschmaschinen
in Vorbereitung

HEFT 394
Privatdozent Dr. med. W. Koch, Münster
Die Ablagerung radioaktiver Substanzen im Knochen
in Vorbereitung

HEFT 395
Dipl.-Ing. L. Hahn, Clausthal-Zellerfeld
Untersuchungen zur Frage des optimalen Bohrloch- und Patronendurchmessers
in Vorbereitung

HEFT 396
Prof. Dr.-Ing. F. Schultz-Grunow, Dr.-Ing. A. Jogerich, Essen, Dipl.-Ing. H. Meyer, cand. ing. P. Sand, Aachen
Untersuchungen des Luftwiderstandes von Güterwagen
in Vorbereitung

HEFT 397
Techn.-Wissenschaftliches Büro für die Bastfaserindustrie, Bielefeld
Ungleichmäßigkeiten in Bändern von Bastfaserkarden, ihre Ursachen und Auswirkungen
1957, 60 Seiten, 18 Abb., 1 Tab., DM 14,80

HEFT 398
Prof. Dr. habil. H. E. Schwiete, Aachen, u. a.
Einlagerungsversuche an synthetischem Mullit I. — Die Zusammensetzung der Schmelzphase in Schamottesteinen I
in Vorbereitung

HEFT 399
Prof. Dr. habil. H. E. Schwiete und Dr.-Ing. R. Vinkeloe, Aachen
Möglichkeiten der quantitativen Mineralanalyse mit dem Zählrohrgerät unter besonderer Berücksichtigung der Mineralgehaltsbestimmung von Tonen
in Vorbereitung

HEFT 400
Prof. Dr. phil. W. Fuchs und Dipl.-Chem. H. Weyerstrass, Aachen
Entwicklung eines Heißfilters zur Reinigung von Gichtgas eines mit Kohle betriebenen Niederschachtofens
in Vorbereitung

HEFT 401
Prof. Dr.-Ing. M. Lipp und Dipl.-Chem. G. Frielingsdorf, Aachen
Darstellung reaktionsfähiger Verbindungen des Camphansystems und Versuche zu deren Fluorierung
1957, 84 Seiten, DM 17,—

HEFT 402
Prof. Dr. W. Linke, Aachen
Die Wärmeübertragung durch Thermopane-Fenster
in Vorbereitung

HEFT 403
Prof. Dr.-Ing. P. Denzel und Dipl.-Ing. W. Cremer Aachen
Verbesserung der Benutzungsdauer der Höchstlast in ländlichen Netzen durch Anwendung elektrischer Geräte in der Landwirtschaft
in Vorbereitung

HEFT 404
Prof. Dr. R. Jaeckel und Dipl.-Phys. F. Gross, Bonn
Die Löslichkeit von Gasen in schwerflüchtigen organischen Flüssigkeiten
1957, 46 Seiten, 17 Abb., 1Tab., DM 11,50

HEFT 405
Prof. Dr.-Ing. H. Opitz und Dipl.-Ing. H. Schuler, Aachen
Untersuchungen für einen Wirtschaftlichkeitsvergleich der Feinbearbeitungsverfahren
in Vorbereitung

HEFT 406
W. Kirsch, Remscheid
Entwicklungsarbeiten auf dem Gebiete des Korrosionsschutzes
1957, 86 Seiten, 28 Abb., 11 Tabellen, DM 19,—

HEFT 407
Prof. Dr.-Ing. H. Schenk, Aachen, und Dr.-Ing. W. Wenzel, Bad Godesberg
Entwicklungsarbeiten auf dem Gebiete der Verhüttung von Erzstaub in Schmelzkammern
1957, 82 Seiten, 9 Abb., 18 Tabellen, DM 17,10

HEFT 408
Prof. Dr. phil. F. Wever, Dr.-Ing. W. Lueg und Dr.-Ing. H. G. Müller, Düsseldorf
Kraft- und Arbeitsbedarf beim Warmscheren von Stahl in Abhängigkeit von Temperatur und Schnittgeschwindigkeit
in Vorbereitung

WESTDEUTSCHER VERLAG · KÖLN UND OPLADEN

HEFT 409
Prof. Dr. phil. F. Wever, Dr. phil. W. Koch, Dr. rer. nat. Ch. Ilschner-Gensch und Dipl.-Phys. H. Rohde, Düsseldorf
Das Auftreten eines kubischen Nitrids in aluminiumlegierten Stählen
1957, 38 Seiten, 12 Abb., 3 Tabellen, DM 10,10

HEFT 410
Prof. Dr. phil. F. Wever, Prof. Dr. rer. techn. A. Kochendörfer, Dr. phil. nat. M. Hempel, Düsseldorf und Dipl.-Phys. E. Hillenhagen, Köln
Biegewechselversuche mit Flachproben aus Alpha-Eisen-Einkristallen zur Bestimmung der Wechselfestigkeit und der Gleitspuren
in Vorbereitung

HEFT 411
Prof. Dr. W. Halbsguth und Dr. L. Sommer, Frankfurt/M.
Grundlegende Versuche zur Keimungsphysiologie von Pilzsporen
in Vorbereitung

HEFT 412
Prof. Dr.-Ing. H. Opitz, Aachen
Kennwerte und Leistungsbedarf für Werkzeugmaschinengetriebe
in Vorbereitung

HEFT 413
Prof. Dr.-Ing. H. Opitz, Aachen
Richtwerte für das Fräsen von unlegierten und legierten Baustählen mit Hartmetall, Teil II
in Vorbereitung

HEFT 414
Dr. med. H. K. Parchwitz und Dr. med. C. Winkler, Bonn
Speicherung organischer Farbstoffe und künstlich radioaktiver Substanzen in Geschwülsten
in Vorbereitung

HEFT 415
Prof. Dr.-Ing. W. Paul, Dr. rer. nat. O. Osberghaus und Dipl.-Phys. E. Fischer, Bonn
Ein Ionenkäfig
in Vorbereitung

HEFT 416
Oberreg.-Gewerberat Dipl.-Ing. G. Steinicke, Hamburg
Die Wirkung von Lärm auf den Schlaf des Menschen
1957, 46 Seiten, 14 Abb., 8 Tab., DM 11,60

HEFT 417
Prof. Dr.-Ing. habil. E. Rößger, Berlin
I. Teil: Die Entwicklung des Weltluftverkehrs, Ergänzungsbericht 1954
II. Teil: Die zivile Luftfahrtpolitik der USA
1957, 230 Seiten, 6 Abb., 83 Tab., DM 48,—

HEFT 418
O. Gdaniec, Mülheim/Ruhr
Über die Randlochkarte als Hilfsmittel in der Dokumentation
1957, 44 Seiten, 15 Abb., 8 Tab., DM 10,10

HEFT 419
K. Brooks
Die Messungen der Reflexionseigenschaften künstlicher und natürlicher Materialien mit quasi-optischen Methoden bei Mikrowellen
in Vorbereitung

HEFT 420
M. Vogel
Das Spektralgebiet zwischen dem langwelligen Ultrarot und Mikrowellen
1957, 66 Seiten, 2 Abb., DM 13,50

HEFT 421
ORR Dipl.-Volkswirt Dr. H. Rogmann, Düsseldorf
Die Erforschung der Verkehrskonjunktur und der langzeitigen Dynamik in der Verkehrswirtschaft (Zusammenfassung der eingegangenen Stellungnahmen und Vorschläge)
1957, 168 Seiten, 3 Tab., DM 26,60

HEFT 422
Prof. Dr.-Ing. K. Leist und Dipl.-Ing. W. Dettmering, Aachen
Prüfstände zur Messung der Druckverteilung an rotierenden Schaufeln
in Vorbereitung

HEFT 423
Prof. Dr.-Ing. K. Leist und Dr.-Ing. O. Thun, Aachen
Strömungsmessungen über Brennkammer-Wirkungsgrade
in Vorbereitung

HEFT 424
Prof. Dr.-Ing. K. Leist und Dipl.-Ing. I. Weber, Aachen
Spannungsoptische Untersuchungen von rotierenden Scheiben mit exzentrischen Bohrungen
in Vorbereitung

HEFT 425
Dipl.-Ing. H. Lübke, Hamburg
Gasturbinen und Strahlantriebe für Hubschrauber
in Vorbereitung

HEFT 426
Prof. Dr.-Ing. H. Opitz und Dipl.-Ing. W. Scholz, Aachen
Untersuchungen über den Räumvorgang
1957, 74 Seiten, 36 Abb., 7 Tab., DM 16,55

HEFT 427
Dr.-Ing. J. Endres, München
Kinematische Untersuchung eines Zweitakt-Hochleistungs-Dieseltriebwerks mit achsparallelen Zylindern und gegenläufigen Kolben
in Vorbereitung

HEFT 428
Dr.-Ing. J. Endres, München
Untersuchungen der Beschleunigungsverhältnisse eines Zweitakt-Hochleistungs-Dieseltriebwerks mit achsparallelen Zylindern und gegenläufigen Kolben
in Vorbereitung

HEFT 429
Prof. Dr. O. Kuhn, Köln
Selektive Wirkung verschiedener Stoffgruppen auf tierische Gewebe
1957, 54 Seiten, 32 Abb., DM 13,15

HEFT 430
Prof. Dr. G. Garbotz, Aachen und Dr.-Ing. G. Dress, Cadiz
Untersuchungen über das Kräftespiel an Flachbagger-Schneidwerkzeugen in Mittelsand und schwach bindigem, sandigem Schluff unter besonderer Berücksichtigung der Planierschilde und ebenen Schürfkübelschneiden
in Vorbereitung

HEFT 431
Prof. Dr.-Ing. H. Winterhager, Dr.-Ing. R. Kammel und Dipl.-Ing. W. Barthel, Aachen
Fortschritte auf dem Gebiet der Titanmetallurgie 1950—1955
in Vorbereitung

HEFT 432
Dipl.-Phys. R. Werz, Bonn
Die Entwicklung einer Synchrozyklotron-Ionenquelle
in Vorbereitung

HEFT 433
Dr.-Ing. G. Satlow, Aachen
Über einige physikalische und chemische Eigenschaften der Wolle von der gewaschenen Wolle bis zum Kammzug
1957, 72 Seiten, 15 Abb., 19 Tab., DM 15,25

HEFT 434
Dipl.-Ing. W. Rohs und Dr. J. Geurten, Bielefeld
Schlichten für Baumwollgarne
in Vorbereitung

HEFT 435
Dipl.-Ing. W. Rohs und Dipl.-Ing. L. Steinmetz, Bielefeld
Die Masseungleichmäßigkeit von Flachstreckenbändern in Abhängigkeit von Verzug und Dopplung
in Vorbereitung

HEFT 436
Priv.-Doz. Dr. habil. J. Juilfs, Krefeld
Zur Bestimmung der Reißlast (Zugfestigkeit) von Fasern, Fäden und Garnen
in Vorbereitung

HEFT 437
Prof. Dr. G. Schmölders und Dr. I. Meyer, Köln
Geldwertbewußtsein und Münzpolitik. — Das sogenannte Gresham'sche Gesetz im Lichte der ökonomischen Verhaltensforschung
1957, 92 Seiten, DM 20,30

HEFT 438
Prof. Dr.-Ing. H. Winterhager und Dr.-Ing. L. Werner, Aachen
Bestimmung des elektrischen Leitvermögens geschmolzener Fluoride
1957, 52 Seiten, 18 Abb., 10 Tab., DM 11,90

HEFT 439
Prof. Dr. phil. H. Lange, Köln und Dr. rer. nat. R. Kohlhaas, Neuß/Rh.
Anwendung der thermomagnetischen Analyse zum Studium des Umwandlungsverhaltens von Eisenwerkstoffen im Temperaturbereich von —150° C bis +150°C

HEFT 440
Dr.-Ing. H. Wolf, Aachen
Gekoppelte Hochfrequenzleitungen als Richtkoppler
in Vorbereitung

HEFT 441
Dr. phil. habil. P. Hölemann und Ing. R. Hasselmann, Düsseldorf
Messung des Temperatur- und Druckverlaufes beim Füllen und Entspannen von Dissousgas
1957, 52 Seiten, 6 Abb., 7 Tab., DM 11,25

HEFT 442
Dipl.-Ing. W. Rohs, Text.-Ing. Griese und Text.-Ing. W. Lauer, Bielefeld
Die Auswirkungen der Trocknungsart naßgesponnener Leinengarne auf deren Verarbeitungswirkungsgrad sowie auf die Festigkeits- und Dehnungseigenschaften der Garne und Gewebe
1957, 28 Seiten, 2 Abb., 3 Tab., DM 6,50

HEFT 443
Prof. Dr. phil. W. Weizel und K. Kluth, Bonn
Über die Struktur der positiven Gleitentladungen
in Vorbereitung

HEFT 444
Dr.-Ing. W. Wilhelm, Aachen
Einfluß der Saugrohrabmessung, der Einlaßsteuerlage und der Größe des Kurbelkastenvolumens auf den Ladungswechsel eines Einzylinder-Zweitakt-Dieselmotors
in Vorbereitung

HEFT 445
Dr.-Ing. E. Barz, Remscheid
Fertigungs- und Prüfverfahren für Feilen
vergriffen

HEFT 446
Dr. med. G. Schäfer
Glutationsstoffwechsel und Sauerstoffmangel
1957, 28 Seiten, 5 Tab., DM 6,40

HEFT 447
Prof. Dr.-Ing. F. Bollenrath, Aachen, Dr.-Ing. H. Füllenbach, Seesen/Harz und Dipl.-Ing. J. Schumacher, Neubeckum/Westf.
Entwicklung rationell arbeitender Spritzkabinen
in Vorbereitung

HEFT 448
Dr. med. C. Winkler, Bonn
Ein Koinzidenz-Szintillometer zum Zwecke der Schilddrüsenfunktionsdiagnostik und der Tumordiagnostik
in Vorbereitung

HEFT 449
Priv.-Doz. Oberbaurat Dr.-Ing. W. Meyer zur Capellen und Mitarbeiter, Aachen
Bewegungsverhältnisse an der geschränkten Schubkurbel
in Vorbereitung

HEFT 450
Prof. Dr.-Ing. W. Paul, Bonn und Dipl.-Phys. H. P. Reinhard, M.-Gladbach
Das elektrische Massenfilter als Isotopentrenner
in Vorbereitung

HEFT 451
Prof. Dr. G. Schmölders, Köln
Rationalisierung und Steuersystem
in Vorbereitung

HEFT 452
Prof. Dr. rer. nat. W. Weltzien und Dr. phil. K. Windeck, Krefeld
Veränderungen an Fasern bei der Bleiche mit Natriumchlorid und über einige Vergilbungserscheinungen
in Vorbereitung

HEFT 453
Forschungsinstitut der Feuerfest-Industrie, Bonn
Die Arbeiten der technisch-wissenschaftlichen Kommission der PRE (Vereinigung der europäischen Feuerfest-Industrie)
in Vorbereitung

HEFT 454
Dr.-Ing. W. Piepenburg, Dipl.-Ing. B. Bühling und Bauing. J. Behnke, Köln
Haftfestigkeit der Putzmörtel
in Vorbereitung

WESTDEUTSCHER VERLAG · KÖLN UND OPLADEN

HEFT 455
Dr.-Ing. W. A. Fischer, Dr.-Ing. H. Treppschuh und Dipl.-Phys. K. H. Köthemann, Düsseldorf
Erschmelzung von Reinsteisen nach dem Kohlenstoffproduktionsverfahren und Kerbschlagzähigkeit-Temperatur-Kurven dieses Eisens
in Vorbereitung

HEFT 456
Priv.-Doz. Dir. Dr.-Ing. K. Bungardt, Essen
Zeitstandversuche an austenitischen Stählen und Legierungen
in Vorbereitung

HEFT 457
Prof. Dr. phil. F. Wever, Düsseldorf und Dr. phil. W. Wepner, Köln
Dämpfungsmessungen an schwach gereckten Eisen-Kohlenstoff-Legierungen
1957, 34 Seiten, 7 Abb., 3 Tab., DM 8,40

HEFT 458
Prof. Dr.-Ing. H. Schenck und Dr.-Ing. E. Schmidtmann, Aachen
Das Frischen von Thomas-Roheisen mit Sauerstoff-Wasserdampf-Gemischen und die Eigenschaften der damit erblasenen Stähle
in Vorbereitung

HEFT 459
Prof. Dr. phil. F. Wever, Dr. phil. O. Krisement und Hanna Schädler, Düsseldorf
Ein isothermes Mikrokalorimeter zur kinetischen Messung von Umwandlungs- und Ausscheidungsvorgängen in Legierungen
in Vorbereitung

HEFT 460
Prof. Dr. phil. F. Wever und Dr. rer. nat. B. Ilschner, Düsseldorf
Ein isothermes Lösungskalorimeter zur Bestimmung thermo-dynamischer Zustandsgrößen von Legierungen
in Vorbereitung

HEFT 461
Prof. Dr.-Ing. habil. E. Piwowarski †, Prof. Dr.-Ing. W. Patterson und Dipl.-Ing. F. W. Iske, Aachen
Verbesserung der Zähigkeitseigenschaften von Bessemer-Stahlguß
in Vorbereitung

HEFT 462
Prof. Dr. rer. nat. J. Weissinger
Zur Aerodynamik des Ringflügels — II. Die Ruderwirkung
Zur Aerodynamik des Ringflügels — III. Der Einfluß der Profildicken
in Vorbereitung

HEFT 463
Dipl.-Ing. G. Plüss, Essen-Steele
Die Aufteilung der verbrennlichen Bestandteile in Verbrennungsgasen auf CO und H_2 bei Verbrennung mit Luftunterschuß und bei Luftüberschuß und künstlicher Flammenkühlung
in Vorbereitung

HEFT 464
Dr. phil. habil. P. Hölemann und Ing. R. Hasselmann, Dortmund
Die Möglichkeit der Zündung von Acetylen in Rohrleitungen beim Ausbleiben mit Stickstoff
in Vorbereitung

HEFT 465
Dr.-Ing. R. Koch, Köln
Amerikanische Fertigungsunterlagen und ihre Werkstattreifmachung für deutsche Betriebe
in Vorbereitung

HEFT 466
Prof. Dr.-Ing. J. Mathieu, Aachen
Überbetrieblicher Verfahrensvergleich
in Vorbereitung

HEFT 467
Prof. Dr. Dr. h. c. E. Klenk und Dr. phil. H. Faillard, Köln
Neue Erkenntnisse über den Mechanismus der Zellinfektion durch Influenzavirus
Die Bedeutung der Neuraminsäure als Zellreceptor für das Influenzavirus
in Vorbereitung

HEFT 468
Prof. Dr. med. Dr. med. dent. G. Korkhaus und Dr. med. R. Alfter, Bonn
Die Vakuumwurzelbehandlung
in Vorbereitung

HEFT 469
Dr. sc. agr. F. Riemann und Dipl.-Volksw. R. Hengstenberg, Göttingen
Zur Industrialisierung kleinbäuerlicher Räume
1957, 130 Seiten, 5 Karten, 23 Tab., DM 27,—

HEFT 470
O. Wehrmann
Hitzdrahtmessungen in einer aufgespaltenen Kármánschen Wirbelstraße
1957, 42 Seiten, 14 Abb., 4 Tab., DM 10,90

HEFT 471
Prof. Dr. phil. habil. A. Naumann, Dr.-Ing. A. Heyser und Dr. phil. Dipl.-Ing. W. Trommsdorf, Aachen
Der Überdruck-Windkanal in Aachen
in Vorbereitung

HEFT 472
Dipl.-Ing. A. Freitag, Essen-Steele
Verhalten von Katalytstrahlern bei Betrieb mit Luftvormischung zum Gas und der Verbrennung von Luft gegen eine Gasatmosphäre
in Vorbereitung

HEFT 473
Prof. Dr. phil. F. Wever, Dr.-Ing. W. Lueg und Dipl.-Ing. P. Funke jr. Düsseldorf
Versuche an einer hydraulischen 25 t-Stangenziehbank
in Vorbereitung

HEFT 474
Dr.-Ing. R. Ibing und Dipl.-Ing. G. Meier, Hannover
Eichung und Entwicklung von Staubentnahmesonden
in Vorbereitung

HEFT 475
Prof. Dipl.-Ing. W. Sturtzel, Obering. Helm und Dipl.-Ing. Heuser, Duisburg
Systematische Ruderversuche mit einem Schleppkahn und einem Binnenselbstfahrer vom Typ „Gustav Koenigs"
in Vorbereitung

HEFT 476
Prof. Dipl.-Ing. W. Sturtzel und Dipl.-Ing. Schmidt-Stiebitz, Duisburg
Einfluß der Hinterschiffsform auf das Manövrieren von Schiffen auf flachem Wasser
in Vorbereitung

HEFT 477
Dr. K. Utermann, Dortmund
Freizeitprobleme bei der männlichen Jugend einer Zechengemeinde
in Vorbereitung

HEFT 478
Prof. Dr.-Ing. habil. W. Petersen und Dr.-Ing. S. Wawroschek, Aachen
Brikettierungsversuche zur Erzeugung von Möllerbriketts unter Verwendung von Braunkohle
in Vorbereitung

HEFT 479
Prof. Dr.-Ing. W. Wegener, Aachen und Dipl.-Ing. H. Fourné, Bochum
Ursachen des Überschreitens der Toleranzgrenze nach oben oder unten (Meter pro Gramm) an der Strecke
in Vorbereitung

HEFT 480
Dr. phil. K. Brücker-Steinkuhl, Düsseldorf
Anwendung mathematisch-statistischer Verfahren bei der Fabrikationsüberwachung
in Vorbereitung

HEFT 481
Oberbaurat Dr.-Ing. W. Meyer zur Capellen, Aachen
Fünf- und sechspunktige Geradführung in Sonderlagen des ebenen Gelenkvierecks
in Vorbereitung

HEFT 482
Dipl.-Ing. R. Pels-Leusden und Dr. K. Bergmann, Essen
Die Frostbeständigkeit von Ziegeln; Einflüsse der Materialzusammensetzung und des Brandes
in Vorbereitung

HEFT 483
Prof. Dr.-Ing. habil. F. A. F. Schmidt, Aachen
Gemischbildungs-, Selbstzündungs- und Verbrennungsvorgänge als Grundlage für Entwicklungsarbeiten an Gasturbinenbrennkammern
in Vorbereitung

HEFT 484
Prof. Dr. habil H. E. Schwiete und Dr. G. Schwiete, Aachen
Beitrag zur Struktur des Montmorillonit
in Vorbereitung

HEFT 485
Prof. Dr. phil. E. Jenckel, Aachen, Dr. H. Wilsing, Dormagen, Dr. H. Dörffurt, Wesseling/Bez. Köln und Dipl.-Phys. H. Rinkens, Eschweiler
Kristallisation und Hochpolymeren
in Vorbereitung

HEFT 486
Doz. Dr. med. E. Lerche und Dr. med. J. Schulze, Aachen
Hörermüdung und Adaptation im Tierexperiment
in Vorbereitung

HEFT 487
Prof. Dipl.-Ing. W. Blume, Duisburg
Festigkeitseigenschaften kombinierter Leichtbaustoffe im Hinblick auf die Verkehrstechnik, insbesondere des Flugzeugbaus
in Vorbereitung

HEFT 488
Prof. Dr. habil. H. E. Schwiete und Dipl.-Chem. H. Westmark
Beitrag zur Kennzeichnung der Texturen von Schamottesteinen
in Vorbereitung

HEFT 489
Dipl.-Math. K. H. Müller
Strenge Lösungen der Navier-Stokes-Gleichung für rotationssymmetrische Strömungen
in Vorbereitung

HEFT 490
Hauptstelle für Staub- und Silikosebekämpfung des Steinkohlenbergbauvereins, Essen-Rüttenscheid
Zur Staub- und Silikosebekämpfung im Steinkohlenbergbau
in Vorbereitung

HEFT 491
Prof. Dr. Fr. Lotze und K. Kötter, Münster
Chloridgehalte des oberen Emsgebietes und ihre Beziehungen zur Hydrogeologie
in Vorbereitung

HEFT 492
Prof.-Dr. phil. J. Meixner und B. Manz, Aachen
Zur Theorie der irreversiblen Prozesse in α-Eisen
in Vorbereitung

HEFT 493
Prof. Dr. phil. habil. A. Naumann und Dipl.-Ing. H. Pfeiffer, Aachen
Versuche an Wirbelstraßen hinter Zylindern bei hohen Geschwindigkeiten
in Vorbereitung

HEFT 494
Dipl.-Ing. W. Rohs und Text.-Ing. Griese, Bielefeld
Entwicklung und Erprobung eines verbesserten elektrischen Kettfadenwächtergeschirrs für die Leinen- und Halbleinenweberei
in Vorbereitung

HEFT 495
Prof. Dr. phil. E. Asmus und Dr. rer. nat. H.-F. Kurandt, Berlin
Einige analytische Anwendungen der Zincke-Königschen Reaktion
in Vorbereitung

HEFT 496
Dipl.-Chem. P. Vogel, Krefeld
Färberische Eigenschaften von zur Herstellung von Verdickungen in der Stoffdruckerei bestimmten Sorten
in Vorbereitung

HEFT 497
Oberarzt Dr. med. G. Mußgnug, Bottrop
Die Knochenveränderungen und der Knochenstoffwechsel beim Sudeck-Syndrom
in Vorbereitung

HEFT 498
Prof. Dr.-Ing. H. Zahn und Dr. rer. nat. W. Gerstner, Aachen
Herstellung säurefester technischer Gewebe
in Vorbereitung

HEFT 499
Priv.-Doz. Dr. J. Juilfs, Krefeld
Die Bestimmung des Wasserrückhaltevermögens (bzw. des Quellwertes) von Fasern
in Vorbereitung

WESTDEUTSCHER VERLAG · KÖLN UND OPLADEN

HEFT 500
Priv.-Doz. Dr. J. Juilfs, Krefeld
Vergleichende Untersuchungen am Schopper-Scheuerprüfgerät
in Vorbereitung

HEFT 501
Dipl.-Ing. W. Rohs und Dr. J. Geurten, Bielefeld
Untersuchungen in der Leinengarnbleiche
in Vorbereitung

HEFT 502
Prof. Dr. M. Diem und Dr. R. Trappenberg, Karlsruhe
Berechnung der Ausbreitung von Staub und Gas
1957, 30 Seiten, Anhang 67 Diagramme, DM 37,30

HEFT 503
Prof. Dr. W. Weizel und Dr. rer. nat. J. Faßbender, Bonn
Untersuchungen über die Eigenschaften von Cadmiumsulfid-Sandwich-Zellen
in Vorbereitung

HEFT 504
Prof. Dr. phil. F. Wever, Dr. phil. W. Wink und Dr. rer. nat. W. Jellinghaus, Düsseldorf
Versuchsanordnung zur Messung der Suszeptibilität paramagnetischer Stoffe und Meßergebnisse an Nickel-Chrom- und Kobalt-Nickel-Chrom-Werkstoffen
in Vorbereitung

HEFT 505
Prof. Dr.-Ing. F. A. F. Schmidt und Dipl.-Ing. H. Heitland, Aachen
Einfluß des Selbstzündungsverhaltens der Kraftstoffe auf den Verbrennungsablauf, Wirkungsgrad und Druckverlust von Hochleistungsbrennkammern
in Vorbereitung

HEFT 506
Prof. Dr.-Ing. W. Meyer zur Capellen, Aachen
Der Flächeninhalt von Koppelkurven. — Ein Beitrag zu ihrem Formenwandel
in Vorbereitung

HEFT 507
Prof. Dr. H. Kaiser, Dr. G. Bergmann und Dr. G. Gresze, Dortmund
Kartei zur Dokumentation in der Molekülspektroskopie
in Vorbereitung

HEFT 508
Dr. H. Schmidt-Ries, Krefeld
Limnologische Untersuchungen des Rheinstromes I (Hydrobiologische und physiographische Untersuchungen
in Vorbereitung

HEFT 509
Dr. Schmidt-Ries, Krefeld
Limnologische Untersuchungen des Rheinstromes I (Tabellenwerk)
in Vorbereitung

HEFT 510
Prof. Dr. rer. nat. W. Groth und Dr.-Ing. K. Bayerle, Bonn
Anreicherung der Uranisotope nach dem Gaszentrifugenverfahren
in Vorbereitung

HEFT 511
H. Wahl, G. Kantenwein und W. Schäfer, Essen
Gesteinsbohr-Modellversuche zur Frage des Drehbohrens, Schlagbohrens und Drehschlagbohrens
in Vorbereitung

HEFT 512
Prof. Dr. H. Strassl, Bonn
Azimut-Monogramme für alle Stundenwinkel und Deklinationen im Bereich der geographischen Breiten von —80° bis +80°
in Vorbereitung

HEFT 513
Prof. Dr. W. Schmitz und Dr. rer. F. Schmitt, Mülheim/Ruhr
Die Verwendung des Magnetbandgerätes zur Speicherung des Kurvenverlaufs elektrischer Ströme
in Vorbereitung

HEFT 514
Dr. rer. nat. M.-E. Meffert, Essen
Die Kultur von Scenedesmus obliquus in Abwasser
in Vorbereitung

HEFT 515
Prof. Dr. habil. H. E. Schwiete und Dr.-Ing. Chr. Hummel, Aachen
Thermochemische Untersuchungen im System SiO_2 und $Na_2O—SiO_2$
in Vorbereitung

HEFT 516
Prof. Dr.-Ing. H. Müller, Dipl.-Ing. F. Reinke und Dipl.-Ing. W. Sorgenicht, Essen
Gesamtstrahlungsmessungen der Temperaturstrahlung
in Vorbereitung

HEFT 517
Prof. Dr. med. G. Lehmann und Dr. med. J. Meyer-Delius, Dortmund
Gefäßreaktionen der Körperperipherie bei Schalleinwirkung
in Vorbereitung

HEFT 518
Dr.-Ing. H. Scheffler, Dortmund
Funktionelle Zusammenhänge der dynamischen Einflußgrößen beim handgeführten Druckluft-Abbauhammer und ihre Berücksichtigung für die Konstruktion rückstoßarmer Hämmer
in Vorbereitung

HEFT 519
Prof. Dr. phil. F. Wever, Dr. phil. W. Koch und Dr. phil. S. Eckhard, Düsseldorf
Die spektrographische Bestimmung der Spurenelemente in Stahl ohne vorherige Abbrennung
in Vorbereitung

HEFT 520
Prof. Dr.-Ing. H. Opitz, Dipl.-Ing. H. Obrig und Dipl.-Ing. P. Kips, Aachen
Untersuchung neuartiger elektrischer Bearbeitungsverfahren
in Vorbereitung

HEFT 521
Prof. Dr.-Ing. H. Opitz und Dipl.-Ing. K. E. Schwartz, Aachen
Das Abrichten von Schleifscheiben mit Diamanten
in Vorbereitung

HEFT 522
J. Lorentz und K. Brocks
Elektrische Meßverfahren in der Geodäsie
in Vorbereitung

HEFT 523
K. Eberts
Entwicklungen einiger Meßverfahren und einer Frequenz- und amplitudenstabilisierten Meßeinrichtung zur gleichzeitigen Bestimmung der komplexen Dielektrizitäts- und Permeabilitätskonstante von festen und flüssigen Materialien im rechteckigen Hohlleiter und im freien Raum bei Frequenzen von 9200 und 33000 MHz
in Vorbereitung

HEFT 524
Dr. rer. nat. S. Lockau, Emlichheim
Versuche zur Gewinnung von Kartoffeleiweiß
in Vorbereitung

HEFT 525
Prof. Dr. Dr. h.c. H. P. Kaufmann und Dr. F. Weghorst, Münster
Beiträge zur Chemie und Technologie der Fetthärtung I

HEFT 526
Dr. phil. habil. P. Hölemann und Ing. R. Hasselmann, Dortmund
Einfluß der Oberflächenbeschaffenheit der Wandung auf den Ablauf von Azetylenexplosionen
in Vorbereitung

HEFT 527
Dr. rer. nat. K. G. Müller, Hanau/W.
Wärmeübertragung auf eine Flugstaubströmung im senkrechten Rohr sowie auf eine durchströmte Schüttgutschicht
in Vorbereitung

HEFT 528
Dr. P. Ney und Dr. F. Schwarz, Köln
Physikochemische Grundlagen der Bildsamkeit von Kalken unter Einbeziehung des Begriffs der aktiven Oberfläche
Kristallchemische Betrachtung der Bildsamkeit
in Vorbereitung

HEFT 529
Dr. phil. G. Riedel, Dortmund
Messung und Regelung des Klimazustandes durch eine die Erträglichkeit für den Menschen anzeigende Klimasonde
in Vorbereitung

HEFT 530
Prof. Dr. med. O. Graf, Dortmund
Nervöse Belastung im Betrieb — I. Teil: Nachtarbeit und nervöse Belastung
in Vorbereitung

HEFT 531
Prof. Dr.-Ing. habil. K. Krekeler, Dipl.-Ing. H. Verhoeven und Dipl.-Ing. H. Ernenputsch, Aachen
Autogenes Entspannen bei niedrigen Temperaturen
in Vorbereitung

HEFT 532
Prof. Dr.-Ing. habil. K. Krekeler, Dipl.-Ing. H. Verhoeven und Dipl.-Ing. W. Krieweth, Aachen
Schutzgasschweißen mit kontinuierlich abschmelzender Elektrode von niedriglegierten Kohlenstoffstählen (Sigma-Schweißen)
in Vorbereitung

WESTDEUTSCHER VERLAG · KÖLN UND OPLADEN

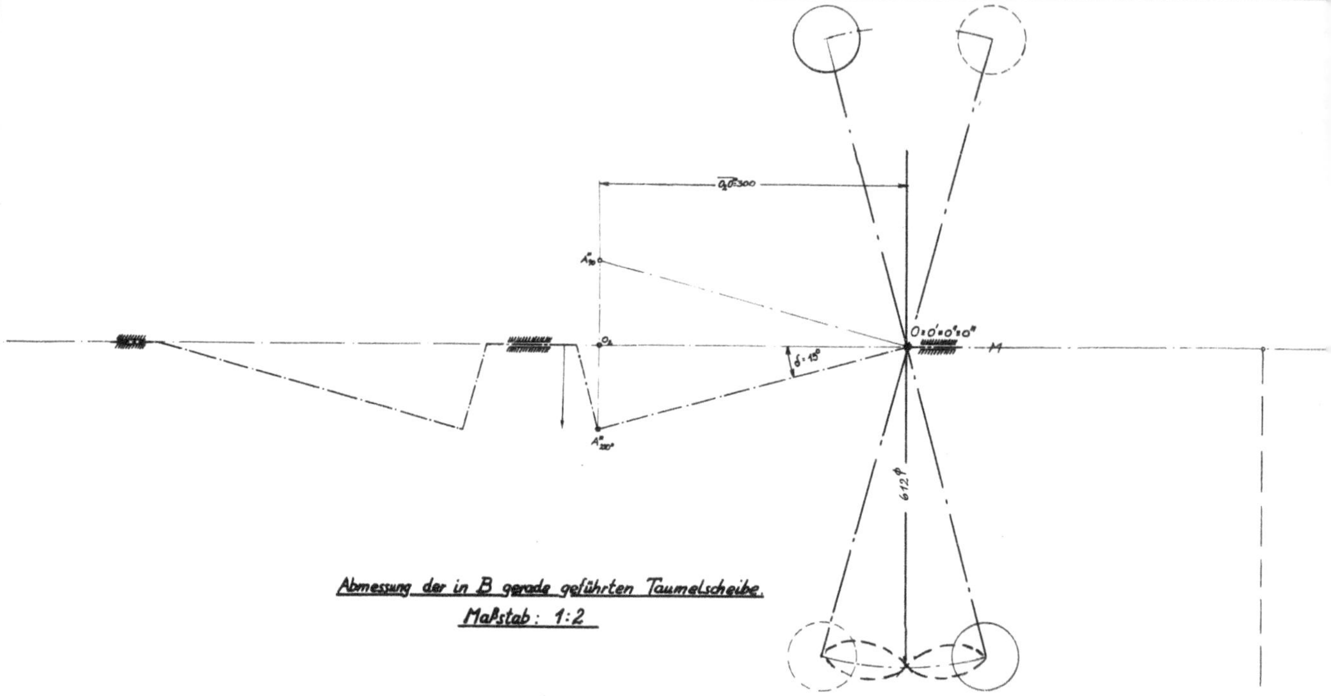

Abmessung der in B gerade geführten Taumelscheibe.
Maßstab: 1:2

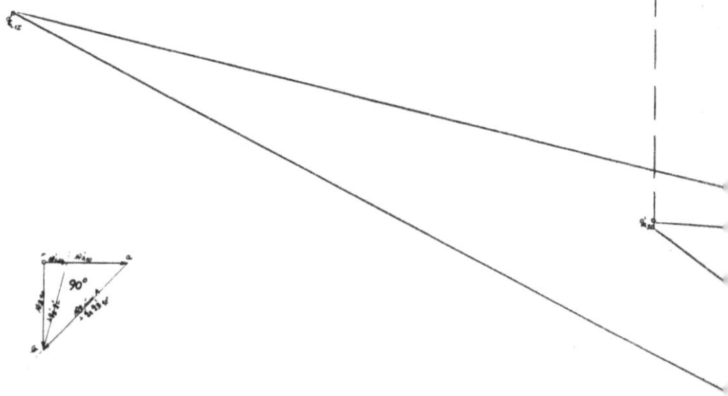

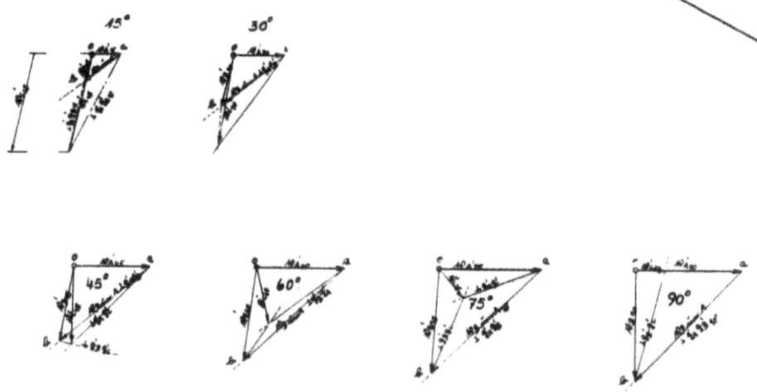

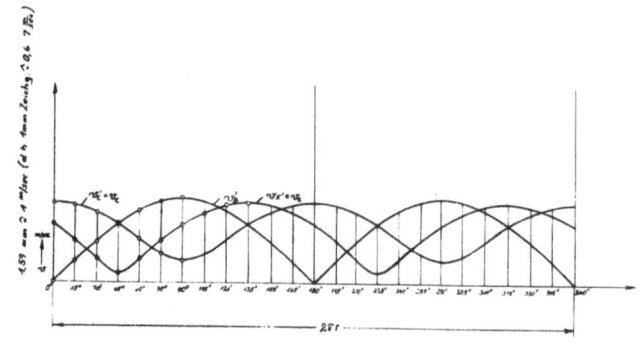

Geschwindigkeitsplan für verschiedene Kurbelstellungen.

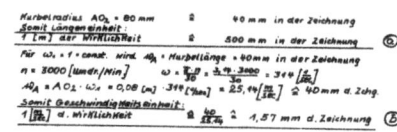

Maßstäbe.

Kurbelradius $AO_2 = 80$ mm ≙ 40 mm in der Zeichnung
Somit Längeneinheit:
1 [m] der Wirklichkeit ≙ 500 mm in der Zeichnung (a)

Für $\omega_1 = 1 =$ const. wird v_A = Kurbellänge = 40 mm in der Zeichnung
$n = 3000$ [Umdr./Min] $\quad \omega = \frac{\pi \cdot n}{30} = \frac{3{,}14 \cdot 3000}{30} = 314 \left[\frac{1}{sec}\right]$
$v_A = AO_2 \cdot \omega_1 = 0{,}08\,[m] \cdot 314\,[1/sec] = 25{,}14 \left[\frac{m}{sec}\right]$ ≙ 40 mm d. Zchg.
Somit Geschwindigkeitseinheit:
$1 \left[\frac{m}{sec}\right]$ d. Wirklichkeit ≙ $\frac{40}{25{,}14}$ ≙ 1,57 mm d. Zeichnung (b)

Geschwindigkeitsverlauf während 1 Wellenumdrehung.

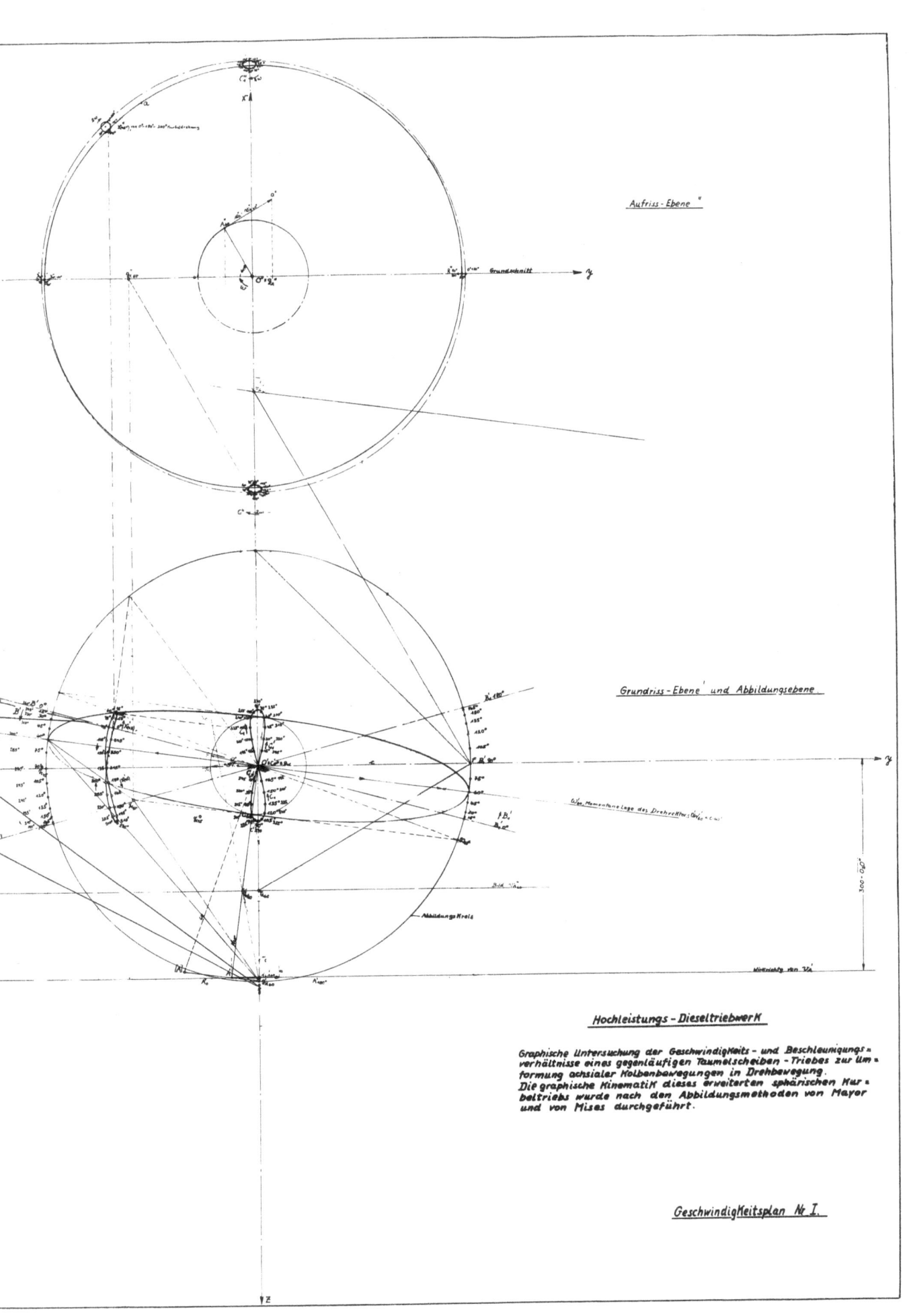

	Kurbel winkel α	Bildgröße des Momentenvektors $o'p = o'p$	Abb. Const. c	Abstand d. Bildebene h	Bildgröße Abb. Const. $o'p \cdot c$ [m]	$(o'p \cdot c)^2$	$o'p \cdot h$	$(o'p \cdot h)^2$	Reduz. Geschw. f $\left[\frac{m}{s}\right]$ $\sqrt{(o'pc)^2+(o'ph)^2}$	Wahre Geschw. $v = f \cdot \omega$ $\omega = \sqrt{1}$ [m/sec]	Ordinate $= v \cdot 1,59$
P	0°	111 mm	153	0	16,99	288	0	0	√288 = 17	17	≙ 27 mm
	15°	80	153	14	12,24	150	1,120	1,255	√151,26 = 12,3	12,3	19,55
	30°	42	153	42	6,424	41,2	1,764	3,101	√44,3 = 6,65	6,65	10,55
	45°	15	153	3	2,295	5,25	0,045	0,002	√5,252 = 2,3	2,3	3,65
	60°	42	153	42	6,424	41,2	1,7664	3,101	√44,3 = 6,65	6,65	10,55
	75°	80	153	14	12,24	150	1,224	1,555	√152,56 = 12,35	12,35	19,56
	90°	111	153	0	16,99	288	0	0	√288 = 17	17	27
	105°	134	153	8,5	20,502	420	1,139	1,30	√421,3 = 20,5	20,5	32,6
	120°	150	153	13	22,95	526	1,950	3,80	√529,8 = 23	23	36,5
	135°	155	153	15	23,715	563	2,325	5,36	√568,4 = 23,6	23,6	37,6
	150°	150	153	13	22,95	526	1,950	3,80	√529,8 = 23	23	36,5
	165°	134	153	8,5	20,502	420	1,139	1,30	√421,3 = 20,5	20,5	32,6
	180°	111	153	0	16,99	288	0	0	√288 = 17	17	27
C	0°	153	153	15	23,409	549	2,295	5,27	√554,27 = 23,52	23,52	37,4
	15°	149	153	14	22,80	520	2,167	4,35	√524,35 = 22,9	22,80	36,80
	30°	132	153	19	20,20	408	2,508	6,29	√414,29 = 20,6	20,65	32,61
	45°	107	153	28	16,38	268	3,00	9,00	√277 = 16,6	16,65	26,48
	60°	80	153	33,5	12,250	150	2,680	7,19	√157,2 = 12,54	12,54	19,95
	75°	53	153	29	8,104	92,2	1,536	2,36	√94,56 = 9,71	9,71	14,86
	90°	41	153	41,5	6,270	39,3	1,700	2,89	√42,12 = 6,47	6,47	10,30
	105°	53	153	29	8,104	92,2	1,536	2,36	√94,56 = 9,71	9,71	14,86
	120°	80	153	33,5	12,250	150	2,680	7,19	√157,19 = 12,54	12,54	19,95
	135°	107	153	28	16,380	268	3,00	9,00	√277 = 16,6	16,65	26,50
B	0°	0	153	0	0	0	0	0	0	0	0
	15°	38	153	0	5,805	33,8	0	0	√33,8 = 5,82	5,82	9,24
	30°	75	153	0	11,470	131,5	0	0	√131,5 = 11,46	11,46	18,24
	45°	107	153	0	16,380	268	0	0	√268 = 16,38	16,38	26,0
	60°	133	153	0	20,040	416	0	0	√416 = 20,04	20,04	32,50
	75°	147	153	0	22,500	506	0	0	√506 = 22,5	22,5	36,85
	90°	151	153	0	23,130	535	0	0	√535 = 23,13	23,13	37,5
	105°	147	153	0	22,50	506,3	0	0	√506,3 = 22,5	22,50	35,80

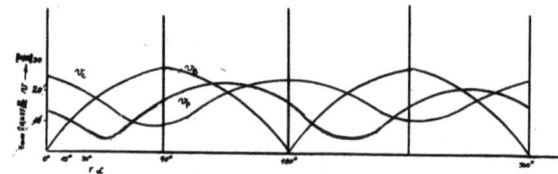

Geschwindigkeitsverlauf der Systempunkte P, B, C

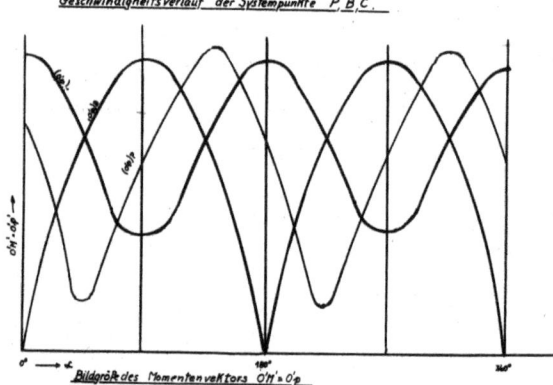

Bildgröße des Momentenvektors $O'H = O'p$

Der Geschwindigkeitszustand der Taumelscheibe S:

Die sphärische Bewegung der Taumelscheibe S erfolgt um den festen Punkt $O(0',0'')$ als Drehung. Die momentane Drehung ist gegeben durch den Drehvektor $\overline{\omega}(\omega',\omega'')$, der im festen Drehpunkt O angesetzt die Lage der momentanen Drehachse ω', ω'' gibt. $\omega'' = O'N = c \cdot \omega'$ siehe Geschwindigkeitsplan I.
Geschwindigkeit eines beliebigen Systempunktes $\overline{v}_p = \overline{\omega} \times \overline{p}$ wobei p der Ortsvektor von dem in der Bildebene gelegenen Spurpunkt der Drehachse $g_\omega = O$ zu einem beliebigen Systempunkt P ist. Seine reduzierte Geschwindigkeit $f_p = \frac{v_p}{\omega}$ [m] = $\overline{\omega} \times \overline{p}$.
Die Geschwindigkeit wird somit als statisches Moment des in der Drehachse liegenden Einheitsvektors $\overline{\omega}$ ($\overline{\omega}', \overline{\omega}''$) um den Punkt P konstruiert, d.h. es muß die Bildgröße des Momentenvektors ermittelt werden $O'p$. Die Ergebnisse der Geschwindigkeiten v_p, v_c, v_B sind in nebenstehenden Kurvenbildern unter Beachtung der Maßstäbe über dem Kurbelwinkel aufgetragen.

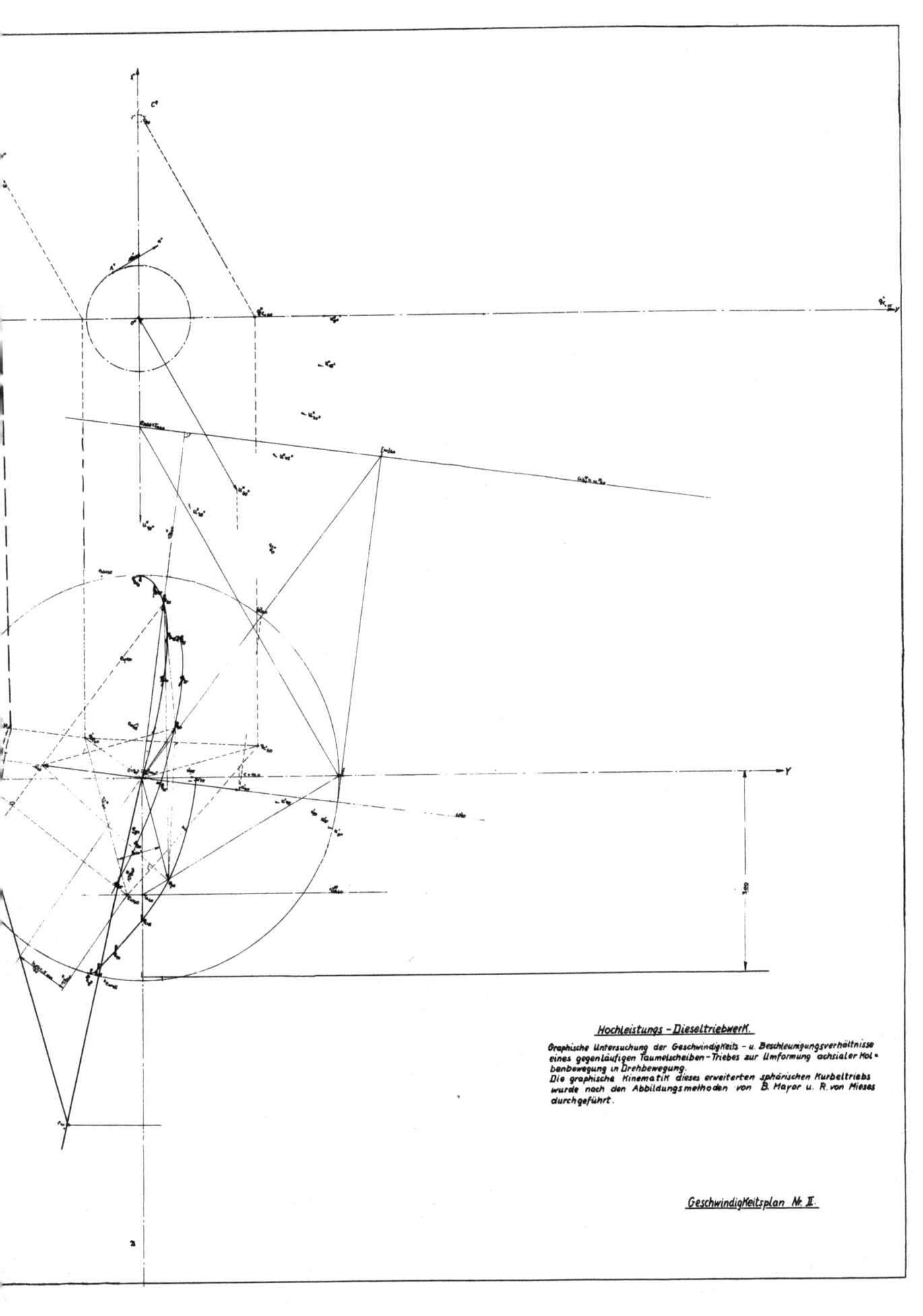

Hochleistungs-Dieseltriebwerk.

Graphische Untersuchung der Geschwindigkeits- u. Beschleunigungsverhältnisse eines gegenläufigen Taumelscheiben-Triebes zur Umformung achsialer Kolbenbewegung in Drehbewegung.
Die graphische Kinematik dieses erweiterten sphärischen Kurbeltriebs wurde nach den Abbildungsmethoden von B. Mayor u. R. von Mises durchgeführt.

Geschwindigkeitsplan Nr. II.

If you have any concerns about our products,
you can contact us on
ProductSafety@springernature.com

In case Publisher is established outside the EU,
the EU authorized representative is:
**Springer Nature Customer Service Center GmbH
Europaplatz 3, 69115 Heidelberg, Germany**

Printed by Libri Plureos GmbH
in Hamburg, Germany